研究者としてうまくやっていくには

組織の力を研究に活かす

長谷川修司　著

ブルーバックス

装幀／芦澤泰偉・児崎雅淑
カバーイラスト／中村純司
目次・章扉・本文デザイン／清野真史（next door design）

はじめに

研究者は「奇人変人」なのか？

私は物理学関連の研究者ですが、物理学の分野に限らず「研究者」というと、だいたい次のようなイメージを一般の人はお持ちではないでしょうか。

① 研究者は、天才物理学者アインシュタインや映画『バック・トゥ・ザ・フューチャー』に出てくる科学者「ドク」のように、髪はボサボサでヨレヨレの服を着て、見るからに普通の人とはちょっと違う「奇人変人」。

② 研究者は、多くが大学教授や学者、研究所の研究員で、とても頭の良い人だけがなる特別な職業。

③ 研究者は、研究室や実験室に閉じこもってひとり黙々と研究に没頭し、自分の専門分野のことは世界一良く知っているが、世間一般の事情にはまったく疎く、世間話などしないし興

味もない。理屈っぽく、筋が通らなければほんのささいなことでも嚙《か》みついてくるような、バランスの悪い人間。

こういったイメージは、実のところ、大きく外れています。まず①について、私の周りを見ても確かに身なりに気を使わない研究者は多く、決してダンディとかエレガントといえる人が多くないのは当たっていますが、それでも「普通」の範囲を出ていないと思います。

②について、これも勝手に誤解されているようです。確かに中高校生の時には数学や理科がめっぽうできたという人は多いようですが、反対に国語や社会がまったくダメだったという人がほとんどです（少なくとも私の周辺の理工系の研究者たちは）。現代では、大学教員に限らず、企業の研究所や研究開発部、国立の研究所（今は独立行政法人になっていますが）などでたくさんの研究者が働いています。研究職は特別な能力を持った人たちがつく特殊な職業ではありません。

③は、実際、私も親類や知人からそのようなイメージで語られることがよくあります。国文科卒の私の妻など、私と何を話したらいいのかわからず、恐る恐る私とのお見合いの場に来たと言っていました。しかし、このとおり結婚していますので、このイメージは当たっていません。

私は、大学だけでなく企業の研究所にも所属した経験があり、物理学関連の研究者としておよそ30年間やってきました。その間、内外のたくさんの研究者と付き合ってきましたが、研究者に対して一般の人が抱くであろう①〜③のようなイメージは当てはまらないと断言できます。

本書は、こうした誤解を解いて、高校生や大学生、大学院生のみなさんに、**怖がらずに安心して研究者を目指してもらいたい**という思いをこめて書いています。

研究者としてうまくやっていく社会性

③のイメージとは逆に、研究者といえども普通の職業の一つですので、研究者以外の社会人と同じように一般的な常識や教養が求められます。研究者だからといって、非常識な格好や振る舞いが許されるのは映画やテレビドラマだけの話です。研究者以外の人とうまくコミュニケーションがとれなかったり、自分の専門分野のことしか語れなかったりというのでは社会人として失格です。また、外国の研究者と付き合うには、自分の国の歴史や自然、食べ物、教育システム、政治のことなどを普通に話せる必要があります（英語力のことを言っているのではありません）。ちなみに、今、国際会議のためにポーランドに滞在してこの原稿を書いているのですが（2015年6月現在）、「中国や韓国との間にある small islands は今どうなっているんだ？　こっちでは最近報道がないんだよ」とポーランドの研究者に食事時に聞かれました。
このような「研究以外」の常識的なことが（一般の社会人と同じように）研究者にとっても非常に

重要です。なのに、研究者を目指す学生たちには意外とその認識がないことを、長年学生たちと接してきて感じています。研究者といえども社会のルールを守る「良き市民」でなければなりません。常識を欠き、「良き市民」から逸脱した研究者ほど、研究不正やアカデミックハラスメント、パワーハラスメントなどの問題行動に手を染めがちではないでしょうか。

ですので、研究者になり、うまくやっていくために必要な「研究以外」のノウハウやスキル、お作法を伝授したいと思い、本書を書き始めました。「うまくやっていく」とは、たとえば、

・自分が所属する研究グループの中で先輩や後輩とうまくやっていく
・学会などの研究者コミュニティの中でそれなりの存在感を示しながらうまくやっていく
・研究成果を専門知識のない一般市民や中高生に発信して信頼を得る
・後進を指導しながらうまく育てていく

などです。それぞれの場面や立場でうまくやっていくには、ある種のノウハウが必要です。

研究は独力で進展するものではありません。実験研究や製品の開発研究では共同研究者たちと一緒に研究したり、チームを作ってシステマティックに進めたりします。ひとり黙々と頭の中で考える理論研究でさえ、他の研究者と多面的な議論をすることは研究を深化させるのに役立ちま

す。理論家と実験家のコラボがとても重要で、その成果の論文が高く評価されます。

どんな種類の研究でも、指導者、助言者、先輩、同僚、共同研究者、後輩、部下、学生、ときには競争相手などとの付き合いは不可欠です。その良否が研究の成否を決めると言っても過言ではありません。

また、研究費を獲得するには、専門の違う審査員にアピールするような申請書を書いたりプレゼンしたりする必要があります。研究者に限らず他の職業でも一般に言われているように、大雑把に言えば「コミュニケーション力」と「プレゼンテーション力」という言葉で括《くく》られるスキルが、研究そのもののスキル以外に、大変重要です。

しかも、研究者としてキャリアを積んでいく過程で、少しずつ異なる視点が必要になってきます。つまり、

・大学の学部の学生、そして駆け出しの研究者である大学院生のとき——第1～3章
・若手研究者と言われるポスドク・助教レベルのとき——第4章
・独立して自分の研究グループを持った准教授やグループリーダーレベルのとき——第5章
・大学教授あるいは研究所で大グループを率いる大ボスのレベルになったとき——同章

と各段階、それぞれの立場で考えるべき注意点やノウハウが異なるのです。そのようなノウハウ不足のために、大小はともかく、それぞれの段階でトラブルが発生するのを見聞きしています。

「人間的な」要素の重要さ——一つの仮想ケースから

たとえば、次のような一つの仮想ケースを考えましょう。このようなトラブルは大学の研究室ではときどき起こるものです。

大学院博士課程の最終学年のA君は、自分が今までやってきた実験の成果をまとめれば博士論文として合格すると思って、博士論文の骨格を研究室のミーティングで発表しました。すると、指導教員のB教授は、

「まだ不完全な成果なので、この状態で博士論文を提出するのは恥ずかしい。追加実験をやってメインポイントをもっと確実なものにするべきだ」

と主張します。しかし、博士論文提出締め切りが迫っているので、追加実験をやっている時間はもうありません。A君は博士課程を修了したあと、4月から、ある研究所の研究員としての就職が決まっているので、博士論文の完成を遅らせるわけにはいかないのです。悩んだ末、A君は所属研究室の助教C博士に相談します。このような状況で、A君はどう振る舞い、C博士はどのよ

うな助言をしたらいいのでしょうか。その数日後、A君とC博士が連れ立ってB教授の部屋に相談に来たとき、B教授はどう判断したらいいのでしょうか。

もちろん、このような場面で唯一の正解などありません。この状況でどう対応するか、教授か助教か学生か、立場の違いによって、また、それぞれの思惑もあり、意見が異なるのは当然です。**研究者には、研究そのものに関すること以外に、このような「人間的な」要素が常に付きまとってきます。**そのようなことに関して大学院生や研究者はもっと気を使うべきだ、という思いを抱いたのが、本書を書いた動機です。

ですので、本書では、ノーベル賞級の独創的な研究やインパクトのある研究をするにはどうしたらいいかといった話は出てきません。そのことは、たくさんの類書がありますので、そちらを参照してください。本書では、研究者が必要とする、もっと現実的な処世術やお作法のようなことがらを述べています。

トラブル回避のカギは密なコミュニケーション

上述の仮想ケースについて私がアドバイスできるとしたら（ただちに問題を解決できるわけではありませんが）、このような状況になってしまわないように日頃からうまく行動することが重要だということです。

つまり、A君はこまめにB教授に研究の進展を報告し相談に乗ってもらうことで、B教授を自分の博士論文のいわば「共犯者」にしながら研究を進めるべきだったのです。ここで「共犯者」と言ったのは、密に議論して研究を進めている共同研究者という意味合いです。「共犯者」ならA君の研究の不完全さを非難できないことになります。自分にもその責任の一端がある、とB教授が感じるような状況にはじめからしてしまえばしめたものです。まさに、世に言う「ホウレンソウ」（報告・連絡・相談）が研究の場でも重要です。

B教授のほうも、常日頃から学生と密にコンタクトをとる努力をして、学生が気軽に相談に来て研究の進展を一緒に考えられるような研究室の雰囲気作りをする必要があったのです。

C助教は、そのようなコミュニケーションの潤滑剤の役割を演じることもできたでしょうし、あるいは、A君とB教授の「研究連合軍」に対して理性的に批判する「鋭いレフェリー」の役割を演じることもできたでしょう。

しかし、ここでよく勘違いされるのですが、上述のように、A君がB教授やC助教とともに密に共同研究しながら書いた博士論文は「A君の博士論文」と言えるのか、と疑問視されることがあります。この心配は無用です。教授や助教のアドバイスを受けながらA君が主体的に研究を進めていれば、何の問題もありません。A君の立派な業績になります。逆に、指導教員や研究室の先輩とまったく独立に博士論文を仕上げるなどという状況は、普通ではありえません。

それどころか、私の経験と観察によると、**学生が密に指導者や共同研究者と議論しながら研究を進めている雰囲気の研究室でこそ、実りある成果が次々と出てくるし、優れた若手研究者が育っていく**ものです。実は、このような互いの気配りと役割分担は、優秀な研究室では当たり前のように行われているはずです。ですので、現在、活躍している研究者や研究室のボスが本書を読むと「当たり前のことしか書いていない」と思うでしょうが、高校生や大学生、あるいは一般の方が読むと、「なるほど、研究者はこんなことにも気を使っているのか」と新鮮さを感じるのではないでしょうか。

研究者は魅力あふれる職業

研究者とは、おそらく、数ある職業のうちで最も魅力的な職業の一つと思います。今まで誰も知らなかったことを発見したり、新しい概念を考え出したり、新しいものを発明したり、常に「前人未到」のことを目指していますので、毎日がワクワク感いっぱいです。まさにクリエイティブな仕事です。

大学院入試の願書提出時期になると、どの専門分野に進んだらいいのかと「迷える子羊」の顔をした学部4年生が、何人も研究室を見学に来ます。私は、私自身の専門分野の魅力を伝えるとともに、他の分野も同じように魅力的であること、広くいろいろな分野を調べてみるのが好ましいこと、そして一般に研究者はとても魅力的な職業であることなどを学生に話します。専門分野を決めるのは学生にとって重要な「人生の岐路」ですが、どの分野に進んでも、研究は楽しいはずです。

しかし、研究には、同時にそれなりに厳しいものがあります。夢や憧れで専門分野を選択するのはいいことですが、それぞれの専門分野で研究者としてうまく生き抜いていくためには、研究内容以外に、ある程度のスキル、ノウハウ、基本的な態度・考え方を知っている必要がありま す。たぶん、それらは分野や所属機関によらない一般的なことだと思うのです。

本書では、私の専門のため、理工系の分野での経験をもとにしています。本書でいう「研究者」とは、所属機関にかかわらず理工系の研究者をイメージしています。しかし、本書の記述には人文・社会科学系の研究者にあてはまる部分も多いのではないでしょうか。研究者を目指す学生諸君、あるいは、すでに研究者としてキャリアを歩み始めた若手諸君、さらには中堅研究者にも参考になることでしょう。

目次

第3章

研究成果の発表〈うまくやっていく技術編〉

第6章 研究とは、研究者とは

第1章

魅力的な職業「研究者」

研究は勉強とまったく違う――答えのない問題に挑むには

研究をしようと志す若い人たちにとって、多くの場合、実際に研究をする最初の場所が大学院でしょう。ところが、「大学院で何をやるのか」を正しくイメージできる大学生は案外少ないようです。

「高校や大学まで、基本的には教科書や参考書を勉強し、章末についている練習問題を解いて、学習した知識や考え方をマスターするという『勉強』を続けてきた。大学院でやることも、その延長線上だろう。大学院でやることは、たとえば洋書の難しい専門書をたくさん読んで知識を吸収し、練習問題をたくさん解いて、まさに『博識』と言われるようになることだ」と、このように漠然と想像している大学生が少なくありません。

まったく違います。大学院は「勉強」するところではなく、「研究」するところです。それは組織の名前を見ればわかります。私が所属している組織は、大学生向けには、

「理学部物理学科」

ですが、大学院生向けには、

「大学院理学系研究科物理学専攻」

といいます。大学の「学部・学科」は勉強するところですが、大学院の「研究科・専攻」は、文字通り、特定の専門分野で研究するところです。

それでは、「勉強」と「研究」は何が違うのでしょうか。

勉強とは、答えのわかっている問題や課題を考えることです。先人たちがすでに考えた課題や解いた問題をもう一度自分でやってみて、知識体系である学問を学ぶことです。これに対して、**研究とは、答えのわかっていない課題を考えること**だと言えます。ときには、答えがあるのかどうかさえわかっていない課題、あるいは、考える意味があるのかどうかさえわからない課題を考えます。研究してみなければ、答えがあるのか、あるいは意味があるのかどうかわからないからです。

さらに、「意味があるかどうか」は、それぞれの研究者の価値観によって意見が分かれる場合も多いものです。ですので、「研究」では、同じ研究テーマであっても求める答えやそれへのアプローチの仕方が十人十色で違います。これこそが、あとで述べるように、研究の魅力のもとになっているのです。しかし、この事実はあまり大学生や一般の人々に認識されていないのが実情でしょう。

答えの決まっている課題や問題を考える「勉強」では、自分の個性や独自の考え方を発揮することはできませんが、**「研究」では、研究者自身の個性や価値観が色濃く反映され、大げさに言**

えば「自己表現」につながります。

まだ見ぬ謎が解かれるのを待っている——研究はネバーエンディング

もっと言えば、分野によっては、研究すべき「謎や課題を発見する」ために研究するとも言えます。アインシュタインが残した謎を解くとか、長寿命のバッテリーを開発するとか、明確な課題や目標に向かって研究している研究者も多いのですが、これに対して、私が専門とする物性物理学の研究などでは、自分の好奇心に突き動かされて、何か不思議なことはないかと謎を求めて研究する場合も多いのです。解くのに値する謎や課題を見つけては、その答えを求める研究をやるのですが、**価値ある謎や課題を見つけること自体が研究の大きな部分を占めます。**

さらに、一つの課題の答えが解明されると、次にさらに深い疑問や高い目標に対する研究につながるのが常です。寺田寅彦の言葉「科学は不思議を殺すものでなくて、不思議を生み出すものである」とは、まさにそのことを言っています。しかし、その深い課題や高い目標は、その一歩手前の課題が解決されないと見えてこないものです（少なくとも凡人には）。ですので、研究は次々と連鎖され、ある種のネバーエンディングストーリーになる場合が多いのです。その研究の連鎖の結果、学問の根底を揺るがす大発見や、我々の考え方を一新するパラダイムシフトにつながれば成功した研究者と言われるのですが、ときには、いわゆる「重箱の隅をつっつく」ような研究になってしまう場合もあるのは事実です。

研究した結果、答えがあって意味のある成果が出た場合、それが学問体系の中に組み込まれて蓄積されていきます。その知識体系を大学生が「勉強」するわけです。ですので、研究とは、その知識体系の「最前線の先」を探っていく営みなのです。

もちろん、大学院の学生も、研究に必要な知識やスキルを身につけるために「勉強」します。しかし、勉強はあくまでも手段であって目的ではありません。

大学院に入りたての学生と議論していると、しばしば、

「先生、そんなことを研究して意味があるんですか？　成果が出るんですか？」

ときいてくる学生がいますが、まさにそれを知りたくて研究するのです。ときには、「先生はどんな結果が出るのかわからないことを僕に研究しろと言うけど、そんなリスキーな研究はやりたくありません」と反発してくる学生もいます。「勉強と研究の違い」がわかっていない証拠です。結果がわかっている研究など研究ではありません。単なる作業です。でも、だからといってそんな学生を非難することはできません。彼・彼女の今までの人生の中で「勉強と研究の違い」を学ぶ機会などなかったのですから。大学院で初めて学ぶことです。

たぶん、このようなことは、会社で、たとえば今までにない新製品や新サービスを開発すると

いう場面でも同じだと思います。今まで市場に出回ったことのない製品ですので、できてみなければ売れるかどうかわかりません。もちろん、作る前にある程度の市場調査はするでしょうが、それが必ずしも当たるとは限りません。歩きながら音楽を聴けるプレーヤーＷＡＬＫＭＡＮがソニーから発売されたときには、たぶん「なんで歩きながら音楽を聴く必要があるんだ？」と疑問に思った人も多かったのでしょうが、今やそれがｉＰｏｄやスマートフォンで当たり前になっています。製品が世の中に出てみないと、意味があるのかどうかわからないものです。

研究も同じで、教授がある程度のアタリをつけて、この方向に研究を進めれば意味のある成果が出そうだと期待して研究を進めますが、必ずしもその通りになるとは限りませんし、むしろ、予想しなかった別の成果につながることが多いものです（それをセレンディピティといいます）。

研究での成功体験――「長谷川的転回」

大学院に入って研究を始めると、当初期待していたようにはうまくいかないことが多々あります。何か壁にぶつかると、ほとんどの学生は不安に思います。「こんな研究をやっていて本当に成果が出るんだろうか、そもそも意味があるんだろうか」と。しかし、ちょっとした改良や改善で壁を乗り越えて研究が少し前進すると、学生たちは小さいながらもある種の達成感を感じ、それが自信になって、その後どんどん研究を進めていくことができます。ちょっとした工夫で実験装置がうまく働くようになったとか、解けなくて悩んでいた方程式がちょっと工夫したら解けたとか、**最初の小さな成功体験が研究者として走り出す重要なきっかけ**となります。いわゆる「トリガー」がかかると、やる気のある学生はものすごい勢いで自分の足で走り出します。

私が大学院修士課程に入って研究というものを始めたばかりの頃の話です。あるテーマを指導教員の井野正三《しょうぞう》教授（現在は東京大学名誉教授）から与えられて実験を開始しました。井野教授は電子回折《でんしかいせつ》という実験手法で有名な先生ですが、私に与えられた研究テーマは、電子回折の実験中に発生するX線を検出する実験でした。研究室にあった電子回折の実験装置では、試料の傾きの角度を精度良く変えてX線を測定することができませんでしたが、教授は、

「０・１度以下の高い精度で精密に角度を変えながらX線を測定してみなさい。何か面白い現象が出るかもしれないよ」

という指示をくれました。今回の目的に合うように角度を精密に変えるにはどうしたらいいのか、１ヵ月ほど考えていました。試料を精密に傾けるための専用の部品を設計して作ることも可能ですが、それには結構なお金がかかります。

ある日の夜、下宿先の近くの銭湯の湯船に浸かっているとき、アイディアが閃《ひらめ》きました（アルキメデスのように！）。試料ホルダーという実験装置の部品をいったん取り外し、それを単に90度

回転して再び装置に取り付けるだけで問題は解決するんじゃないか、と。詳しいことは専門的になるのでかいつまんで説明すると、電子回折の精密実験のために、試料ホルダーには精密に試料の傾きの角度を変える機構が90度違う方向にはついていたのですが、今回の自分の実験には、その方向で精密に角度を制御する必要はありません。ですので、試料ホルダーの取り付け方向を90度回して、その傾斜機構を、X線を検出する方向にして利用すればいいと気がついたのです。

その実験装置では試料ホルダーの向きを変えて取り付けることなどありえないという先入観がありましたし、修士課程1年生の新人が教授の高価で大切な装置を今までと違う方法で使うことなど考えられませんでした。ですので、単純なこの発想がなかなか出てきませんでした。

実際にやってみたら、期待したように実験がうまくいきました。その結果、傾斜角度を0・7度付近にした場合だけ、注目しているエネルギーのX線の強さの急激な増大現象が起こることを発見しました。そして、修士課程1年生にもかかわらずその発見を秋の学会で発表することができました。

ものごとの見方を180度変えることを「コペルニクス的転回」といいますが、世の中には180度回転してしまうと元に戻ってしまうもの（物理学では2回対称性といいます）が多いので、その場合には意味がなくなってしまいます。しかし、今回のように、ものの見方を90度だけ変えると新しい境地にいたるということを発見し、これを「長谷川的転回」と呼んでひとり悦に入ったものです。

余談になりますが、先に書いたように、このアイディアが閃いたのは銭湯の湯船の中でした。古来、アイディアが閃くのは、「馬上、枕上《ちんじょう》、厠上《しじょう》の三上《さんじょう》」と言われています。湯船も含めて、体が脱力してリラックスしている状態で、しかも外からの刺激（電話やメール、来客など）から意識が遮断されたときに閃きが起こるようです。今までの私の経験でも、枕上と厠上と湯船で多くの閃きがありました。しかし、その後そのアイディアをすぐにメモしないとほとんど忘れてしまうものです。

その後、その特殊な現象が０・７度の角度でなぜ起こるのか解明するため、Ｘ線光学の分野の基礎的なことを勉強して、みごとに原因を解明しました。さらに、その特殊な現象を利用すると、それまで難しかった計測が高感度でできることも示して修士論文としてまとめ、そのあと英語の論文として学術ジャーナルに投稿しました。

このように、研究が進展していく途中で、そのときどきに必要な知識を勉強しながら研究に役立てていくわけです。私の指導教員だった上述の井野教授の口癖は、

「研究とは、マラソンを走りながら、ときどきおにぎりを食べているようなものだ」

です。言い得て妙です。それぞれの研究者にとって、研究の進展に伴って必要となる知識は違ってくるので、研究者は皆そのつど、新しいことを勉強していくのです。利用する知識は既知のも

のであっても、自分の研究に合わせて、今までにないユニークな知識の組み合わせ方や適用の仕方ができた場合には、新しい発見につながることがあります。**重要なのは、必要なときに必要な知識やスキルを学び身につけることのできる柔軟性と意欲をずっと持ち続けること**です。

「とりあえずやってみる」ことの重要性

『創造性の開発——技術者のために』（ヴァン・ファンジェ著）という半世紀前からある名著では、創造性の定義を次のように言っています。

「創造とは、既存の要素の新しい組み合わせであり、それ以上のものではない」

ですので、研究には「既存の要素」の勉強が必要ですが、学部までの勉強のやり方をむやみに続けていても、創造的なもの、独創的なものは生み出せません。自分の研究に合わせて、既知の知識を今までにないやり方で組み合わせることが、独創性を生むことになります。


　ここで言えることは、自分の研究に関連する分野の知識を全部勉強したあとでないと新発見するための研究ができないのかというと、そうではないということです。よく大学生で、

「現状でどこまでわかっているのか、当該分野の最前線までを全部勉強しないと、その先の未知なことは研究できないのではないか？」

と心配する人がいますが、そんなことはありません。今までに得られた知識を最前線まで全部勉強していたら、それだけで人の一生は終わってしまいます。最前線を勉強するにしてもほんの狭い範囲で構いません。指導者や先輩はある程度広い範囲の知識を持っていますので、指導者のアドバイスに従い、**とりあえずはあまり大きな心配をせずに、自分の研究に関係する狭い範囲の勉強だけして、研究をどんどん進める**ことを学生には勧めます。そして、必要なら、まさに「走りながら」もっと勉強すればいいのです。

また、たとえ、先行研究の調査の結果、自分と同様の研究を過去に誰かがすでにやっていたことが判明したとしても、実験条件や試料の調製などが自分のものと必ず微妙に違うものです。そのため、必ずしも同じ結論にならないこともあります。ですので、**先行研究にあまりとらわれずに、自分のアイディアに基づいてとりあえず研究してみる**ことが重要です。

しかし、この意見には異論を持つ研究者もいるようです。上述のような、先行研究と比べて実験条件がほんの少しだけ違う研究とか、試料の調製方法がほんの少しだけ違う研究を際限なくやっていった結果、実験条件の数だけ研究論文が生まれることになり、その結果、出版論文数の過当競争や専門の細分化につながった、と批判する意見もあります。

確かにそうかもしれませんが、私はこの考え方に全面的には賛成できません。少なくとも駆け出しの大学院生にとって、研究の初体験として、先行研究に似た二番煎じ的な研究や枚挙《まいきょ》的な研究をやることは無駄ではありません。それは研究のスキルや作法を学ぶのにふさわしい教育的なやり方と思いますし、また、そのような研究であっても、その研究の基礎となる理論を補強する成果となったり、逆に基礎的な理論のほころびを見つけたりする可能性もあります。ですので、先行研究にとらわれずに、自分のアイディアに基づいてどんどん研究を進めるのがいいでしょう。

ここまでの説明で、

「なーんだ、研究って結構いい加減なんだな」

「勉強では、立派に体系化された学問を順序よく学ぶけれど、それに比べて研究って結構行き当たりばったりなんだな」

と感じる読者もいるかもしれません。ある意味、その通りだと思います。

このような断片的で系統的でない発見や発明を積み重ねることによって、それらが知識体系の中に組み込まれて科学や技術あるいは学問が進展していくのです。ですので、基本的に、勉強に比べて研究とは極めて効率の悪い知的活動であり、長い時間と多くの研究者の寄与を必要とします。**研究とは非効率なもの**なのです。

よく、科学行政や大学改革の新聞記事などの中で「研究の効率化」という言葉を見聞きしますが、ありえない自己矛盾した考え方だと思います。天才学者が一生かけてコツコツ研究して構築した学問体系を、わずか半年間の90分講義15回程度で勉強できてしまうのを考えると、「勉強と研究の違い」がわかるでしょう。天才物理学者アインシュタインが10年以上もかかって研究して作り上げた相対性理論を、わずか半年間の講義で勉強できてしまうのは、学生たちがアインシュタイン以上の天才だからではありません。

教授と学生の関係——船頭と釣り客

上述した私の駆け出しの頃の体験談で、もう一つ言えることがあります。実は、井野教授は、私が研究室に入る前に自分で同様の実験をやっていたのです。ただし、そのときには試料の傾斜角度をまったく制御していませんでした。ですので、私が０・７度の角度で見いだした特殊な現象が、井野教授の場合には出現したりしなかったりしていて、再現性がまったくありませんでした。どのような条件でその現象が出るのかわかっていませんでしたし、そもそも何かの間違いではないかとも思っていたと言います。でも、井野教授は、たぶん、試料の傾斜角度を精密に変えて測定してみたら何かわかるのではないかとアタリをつけていたのです。ですので、かなり焦点の絞られた研究テーマを私に与えてくれたと言えます。

しかし、その特殊な現象が起こる角度が０・７度であるという具体的な角度がわかったからこそ、その原因を解明できたのです。ですので、教授の最初の指示がなければこの発見はなかったのですが、私の閃きと実験がなければ、これまた発見にたどり着けなかった（あるいは、たどり着くのが遅れた）わけで、教授と私の両方がこの発見に不可欠の寄与をしたことになります。もし、この発見がノーベル賞の対象になった場合（ありえないことですが）、受賞者は教授だけなのか、あるいは私も同時受賞すべきなのか、ノーベル賞選考委員会は悩むでしょう。教授の指導と学生の寄与とは、このような形をとる場合が多いものです。

歴史上有名な同様の例があります。パルサーと呼ばれる天体の発見物語です。イギリスの電波天文学者アントニー・ヒューイッシュ教授は、学生たちと一緒に電波望遠鏡を建設して観測を始めました。ある日、大学院生だったジョスリン・ベルが電波望遠鏡からのデータの中に奇妙な信号があるのを発見し、それが後に、パルサーからやってくる周期的に点滅する電波であることがわかったのです。しかし、１９７４年のノーベル物理学賞はヒューイッシュ教授だけに与えられ、第一発見者のベルは受賞しませんでした。「ベルも教授と一緒に受賞すべきだった」という考え方と、「教授が構想し準備した研究に大学院生が参加して観測しただけなので、賞は必要ない」という考え方とがあり、ノーベル賞選考委員会も悩んだことでしょう。ベルは、この発見で博士号を取得でき、発見を報告する論文の共著者にもなれたので、それで十分だと言っていたそうです。

よく教授と学生の関係は、海釣り船宿の船頭と釣り客にたとえられます。教授は船宿の船頭で、魚のたくさんいる穴場を知っていて、その穴場に釣り客を船に乗せて連れていってくれますが、実際に釣り糸を垂れて魚を釣るのは船頭ではなく釣り客、つまり学生です。ですので、大きな鯛を釣り上げる学生もいれば、雑魚《ざこ》しか釣れない学生もいますし、まったく何も釣れない学生もいます。立派な鯛を釣り上げた手柄は学生のものですが、穴場に連れていってくれた船頭の寄与も同程度に重要です。逆に、何も釣れなかった場合にはもちろん学生自身に責任がありますが、その学生がよほど怠慢だったのでない限り、責任の一端は船頭である教授も負っているはずです。自分はイカ釣りの道具と餌しか持って来なかったのに、イカのいない場所に連れてこられたので何も釣れなかった、と釣り客は船頭にクレームをつけるかもしれません。

ともかく、この修士課程での小さな成功体験に快感を覚えて私は研究者の道を歩みだしました。ですので、小さくてもいいから成功体験を早い段階で味わうことはとても大切だと思います。もちろん、大きな研究テーマにチャレンジして何年も悶々《もんもん》と研究してやっと成果が出たという研究もすばらしいのですが、もし、私がそのような大きな難しいテーマで研究を始めたとしたら、たぶん、忍耐力の弱い私のような人間は途中で嫌気がさして研究者にはなっていなかったでしょう。ですので、すぐに成果の出た小さなテーマを最初に与えてくれた井野教授にはとても感謝しています。

しかし、もちろん、「大志」を忘れてはいけません。一つの新しい学問体系を構築するような大きな研究テーマも頭の片隅に置きながら、同時に小さなテーマの研究をこなすという「並列処理」のコツは後ほど第4章で述べます。研究者としてうまくやっていくには、この「並列処理」が重要です。プロの研究者になると、ある程度の成果をコンスタントに出すことが求められます。大きな獲物を狙った研究だけではやってゆけません。両者をバランスよくミックスしてゆくのです。プロ野球選手でも、ホームランだけを狙っていては監督に使ってもらえません。シングルヒットでもいいからある程度の打率でコンスタントに打てれば、その選手のチャンスはさらに広がります。

指導者の立場になった現在の私が、上記のような、初心者にとってほどよい難易度のテーマを大学院の新入生に与えているかと問われると、「言うは易《やす》く行うは難《かた》し」と返事するしかないでしょう。学生はそれぞれいろいろな個性を持っています。修士課程で装置作りをしていて、物理として意味のあるデータが出ない状態で終わってしまい成功体験を経験できなかったので、博士課程に進学して、さらにそのテーマで研究を続けたいという根性のある学生もいますし、最初の成功体験を経験できずに不満を感じて、修士課程のあとは就職して研究者とは別の道に進んだ卒業生もいます。でも、どんな学生の場合でも、修士課程2年間の研究体験が貴重な体験になったのではないかと信じたいものです。

私が学科・専攻の就職係をしていたとき、いろいろな会社の人事関係の人たちと面談しました。よく耳にするのは、**大学院生時代に研究成果を出したかどうかは会社としては評価の材料にはしない**ということです。研究の経験そのものが大切なんだと言います。会社としては、入社後にルーチン的な作業を繰り返す社員を求めているわけではなく、世の中にない新しい製品やサービスの開発をしてほしいわけで、そのときには、**答えがあるのかどうかわからない「研究」をした経験が役立つ**といいます。不安と戦いながら、たとえるならジャングルの中に細いながら道を切り開くような仕事をしてほしいのです。それはまさに、研究そのものです。

研究者の魅力――芸術家と同じ自己表現

研究をやっていて、新しいことを発見したり、世界のどこにもない装置を自作してそれがうまく働いたりしたときの嬉しさは格別です。何かを発見したり謎を解いたりした瞬間は、世界中でまだ誰も知らないことを自分だけが知っているという事実に興奮します。誰も成功していなかった測定が実現して誰も見たこともない形のデータがディスプレーに現れたとき、誰も見たこともない顕微鏡写真が撮れたとき、など、飛び上がって喜ぶというより、発見した事実を独り占めにしているという優越感とワクワク感と達成感で体全体がジワーッと熱くなってきます。その発見が、特定の分野のほんの小さな発見であっても、です。

そのような発見は、私の経験ではだいたい、夜中か明け方の実験室で起こります。たぶん、研究者は、そのような快感がやみつきになって研究をやめられないのだろうと思います。

しかし、このような感激の瞬間は、長い研究者人生の中でもそうめったに経験できるものではありません。研究者の日常は、ほとんど毎日、研究がうまくいかなくて悶々と悩むことばかりです。あるいは、研究費や奨学金の申請書を書いたり、目的としていた最終的な成果が得られなくともなんとか取り繕《つくろ》って研究の報告書を書いたりと、決して楽しいとは言えない仕事をこなすことが多いのも事実です。でも研究者は飽きもせず、毎日黙々と自分の研究に向かい合います。その心境は、画家や作曲家など芸術家に似ているといいます。

酒井邦嘉《くによし》著『科学者という仕事』には、

「研究もまた自分らしい個性の表現なのである。このように考えれば、研究者のめざすものは芸術家がめざす自己表現と何ら変わらない」

と書いてあります。芸術とはおよそ縁遠いと思われる自然科学やテクノロジーの研究で、それによって「自分らしい個性を表現する」とか「自己表現する」とか、突然言われても研究者でない人にはほとんど理解できないでしょう。しかし、ここまで本書を読んできた皆さんには、もう、この言葉に同意いただけるはずです。なんの研究をどんな方法でするのか、どこまで研究するのか、課題設定と課題解決のためのアプローチや求める答えは、研究者個人によって違います。基本的には、研究者の心の中から湧き上がってくる好奇心や探究心が原動力になります。他の研究者から見ると価値のない研究テーマであっても、自分にはとても重要なテーマだったりします。そこに、その人の個性や価値観が反映され、自己表現の手段となるのです。

あるテーマを根本まで立ち返って徹底的に深く追究し、科学の基礎を革新してしまうまで研究する研究者がいたり、課題がある程度解決したら、その成果を役立つ製品などに応用したいと考える研究者がいたり、はたまた、一つのテーマでちょっとした成果を出したら他の研究テーマにさっさと移ってしまう研究者がいたりもするでしょう。研究者自身の個性と価値観によって研究成果や研究スタイルがまったく違います。芸術家は自分の作った作品によって自己表現しますが、研究者は自分のやった研究によって自己表現する職業なのです。研究者という職業の魅力のもとが、確かにここにあります。

研究にはもう一つ、優秀な学生を惹《ひ》きつける別の魅力があると思います。それは使命感とか大志と言えるようなものです。昔から「ノーブレス・オブリージュ」（エリートが持つべき使命感や責任感）といわれるものです。

自分の研究成果が、人類が長年抱いていた謎を解明するのにつながったり、何か役に立つ製品になったり、あるいは人類が直面している問題の解決の一助になったりする可能性があります。

大げさに言えば、人類社会に貢献するんだという使命感や大志を抱くことができるのも研究の魅力と言えるでしょう。２０１４年のノーベル物理学賞を受賞した天野浩教授の講演を聞くと、青色発光ダイオードを開発してディスプレーや照明に革命を起こしたいという夢と使命感のようなものを抱いて、赤﨑勇教授の研究室に入ったということです。天野教授は、今は、紫外線を出す発光ダイオードを開発し、それを殺菌に使って、きれいな飲料水が入手困難なアフリカなどの人々に貢献したいと語っていました。

研究者の大きな魅力の一つは、**毎日コツコツ研究室で続けている自分の研究がひょっとして世の中を変えるかもしれないという夢**を抱けることでしょう。人間が今まで持っていたものの見方や考え方を根本から覆したり、空想だにしなかった技術が実現したりするかもしれないと考えると、夢が広がります。研究者は、**自分こそがそれを成し遂げるんだという大志**を持っているので、毎日、困難にぶつかってもへこたれずに研究を続けられるのです。

毎日の研究が困難でつらいものであればあるほど、このような夢や大志が膨らみ、研究推進の原動力になるのです。そして発見や発明がなされた瞬間の感激がひとしお大きくなるのです。自分の利己的な金銭欲や出世欲、名誉欲は、実は、つらい困難な研究と継続的に戦っていく原動力にはなりません。人類に貢献するとか人の役に立つといった大志や使命感によってこそ、広くしなやかな心、困難にぶつかっても折れない心が育まれるのです。

第2章

研究者への助走

大学院生編

高校から大学前期課程――教養はあとから効いてくる

誰でも小中学校のときから徐々に、自分の得意なことや好きなことがわかってくるものです。先生に褒められたり、コンクールで入賞したりしたことがきっかけになる人も多いでしょう。高校まで進むと、自分の得手不得手やどうにも変えられない性分がずいぶんはっきりしてきます。

私は、数学と理科が大好きで、図画工作や技術家庭科も大の得意でした。ですので、なんのためらいもなく理科系に進み、「将来は科学者か技術者になるしかない」とはっきり意識するようになりました。ロゲルギストという物理学者集団が書いていたエッセイ集の『物理の散歩道』というシリーズ本などを、高校2年生のときから背伸びして読み始めたものでした。湯川秀樹や朝《とも》永《なが》振一郎というノーベル賞学者の名前が出てくる本に出会うのもまったく自然の成り行きで、次第に物理学への憧れを感じ始めました。自然界の仕組みを奥深いところから考えている学者が、私の目にはとても格好良く映ったのです。

自分の将来を考えるとき、好きなことや得意なことを活《い》かせる方向に進むのは至極自然な選択でしょう。また、誰か先達《せんだつ》に憧れると進むべき方向の具体性が出てきます。今風にいえばロールモデルというものでしょう。もちろん夢や憧れだけでは道は切り開けませんが、そのような気持ちは無意識のうちに自分を特定の方向に踏み出させる静かな原動力になるはずです。

大学に入ると、周りに優秀な学生がたくさんいて大いに刺激になりました。いい意味で競争心が出て、物理学や数学志向の友達同士でも難解な哲学や論理学の本を読んだりして、難しい言葉を使って自慢げに議論して騒いでいました。

大学1、2年生（教養課程）では、まだ専門教育が本格的に始まらない大学が多いと思います。しかし、**教養課程のときこそ、たとえ自分の進むべき専門分野が決まっていたとしても、その方向だけでなく、少し幅広い分野の本を読んだり講演会などに出てみたりする**ことを勧めます。進むべき専門分野の決まっていない学生はなおさらです。友達との、一見すると無駄話のような会話も刺激になることが多いものです。複眼的なものの見方を学ぶこともあるでしょう。

教養課程やサークルで知り合った友達は、進む専門分野が違うことも多いでしょうが、大学を卒業したあと、そのような交友関係が貴重な人脈となる場合もあり、自分自身の幅を広げることに大いに役立ちます。しかし、このような意味で大学1、2年生のときが想像以上に重要だと認識するのは、私を含めた多くの人の場合、たぶん40歳代以降で、青春まっただ中の大学生たちはあまり認識していないことでしょう。

ここで少し注意したいことがあります。非常に影響力のある友達、いわゆる「声の大きい」オピニオンリーダー的な友達というのが必ずクラスやサークルにはいるものです。その友達に影響されて自分の進むべき方向を安易に決めてしまうことのないよう注意しましょう。本当に自分がやりたいことは何なのか、大げさに言えば自分の志は何なのか、そして、さらに重要なことですが、自分の適性はどうなのか、勝算はあるのか、いろいろな考え方や意見を参考にしながら、胸に手を当ててじっくりと考えて自分の進むべき方向を決めましょう。

決して流行や見栄をもとに決めてはいけません。人気があるというだけでその分野を専攻しようと考えるのは愚の骨頂です。人気の分野は競争率が高いので、そこで自分が生き残っていけるのか冷静に考える必要がありますし、あっという間に人気がなくなる可能性もあります。人気の低い分野はなぜ人気が低いのか、よくよく調べると、これから有望な成長株かもしれません。ですので、これから上昇する余地のある分野なのか、上昇しきってあとは下降するだけの分野なのか、自分なりにいろいろ調べることが重要です。

大学前期課程の教養教育では、自分がこれから進む専門分野を、広い視野のもとに「相対的に」見ることができる態度を養うことが教育の目的です。自分が進むべき専門分野を選ぶためにとても大事な時期です。

研究者は「井の中の蛙《かわず》」、あるいは「蛸壺《たこつぼ》」状態になってしまう場合が多いとよく言われます。もちろん特定の専門分野の最先端の研究をするには、深い「井の中」に潜って一つの研究テーマに集中することが必要ですが、ときどき「井の中」からはい出て、周りを見渡す心の余裕と見識を兼ね備えている必要があります。その素養は、大学前期の教養課程での勉強だけでは身につきませんが、そのような「教養」を身につけるきっかけをつかむことはできるはずです。**教養とは自分の専門や考え方を相対化できる能力**のことです。

大学後期課程から大学院へ――「身の程をわきまえて」

私は理学部物理学科に進学しました。物理学、あるいは物理学の学問そのものでなくともそれに関連する分野の専門家になりたいという、高校時代から持っていた初志を貫徹したためです。大学で物理学科に入ると驚いたことに、60人の同級生のうち、超優秀な学生が１人や２人ではなく、20人から30人程度いるのです。そんなハイレベルの同級生の中で勉強できるのは刺激的なことですが、しだいに、その能力と実力の差を見せつけられ、ついには、自分は物理学者になるのは無理だな、と「身の程をわきまえる」ようになりました。とても、あの超優秀な友人たち相手では勝ち目はないと思ったのです。ですので、大学院修士課程の入学試験を学部４年生の夏休みに受けましたが、もし、落ちた場合にはなんの未練もなく企業に就職しようと考えていました。企業に入ったとしても、自分のイメージしている物理に関連する研究やそれを応用した製品開発の研究ができるところがたくさんあるので、大学院にこだわる必要はないと。

1980年代はじめ、日本の経済状況はバブルになりかけの右肩上がりでしたので、企業はどこもかしこも基礎研究への意欲が旺盛でした。1940年代後半に米国のAT&Tベル研究所で発明されたトランジスターを例に挙げ、基礎的・学術的な研究成果が世の中を変える製品につながる、と誰もが口にしていた時代でした。

「身の程をわきまえて」柔軟に進路を考えるということと、大きな志と固い意志を持って頑張るということは、矛盾しません。限界ぎりぎりのところまで頑張ってみて、それでダメなら次善の策を講じるという態度は、自分の進路を決めるときだけでなく、研究や、たぶん他のビジネスなどでも一般的に重要な態度でしょう。これは決して目標を簡単にあきらめるということではなく、一歩下がってみて視野を広く持って全体を見渡し、目標にアタックする他のルートはないか探して別の方向から目標に向かうということです。研究では、この態度が常に重要で、「正攻法でだめなら、少し回り道して脇から攻めてみよう」といったアイディアが出るかどうかが鍵になる場合が多いものです。次善の策も用意せずにただがむしゃらに努力して、それで万事が成功してしまうのは、一握りの幸運な人たちだけです。

専門分野を選ぶ、研究室を選ぶ――本音を聞き出せ

大学院に入るとき（あるいは大学によっては4年生の卒業研究を始めるとき）、専門分野を選ぶ、もっと具体的に言うと、所属する研究室を選ぶことになります。

私が所属していた物理学専攻の中には、宇宙物理から素粒子・原子核物理、物性物理、レーザー物理、生物物理などいろいろな専門分野の研究室がたくさんあり、それぞれ研究対象や研究スタイルがまったく違います。修了してからの就職先も研究室によってかなり違いますので、学生にとって研究室の選択はかなり重大な「人生の岐路」です。

私は、大学院受験のずいぶん前の学部3年生の頃には、すでにどの分野に進むかをだいたい決めていました。前に書いたように、高校時代には物理といえば湯川・朝永しか知らなかったので原子核・素粒子物理しか念頭にありませんでしたが、大学で物理を学ぶうちに物理の中にも多様な分野があることを知り、志望が変わってきました。湯川・朝永のように自然界の仕組みの奥底を探る深遠な理論的研究より、何か世の中に役立つ研究のほうが自分の性に合っていると思い、物性物理学に興味を持つようになりました。しかも図画工作や技術家庭科が好きだったこともあり、迷わず理論ではなく実験研究を志望しました。でも本当の理由は、素粒子・原子核物理学のような難しい分野は、前述した超優秀な同級生たちがこぞって目指している人気の分野なので、自分は彼らと競争してやっていく自信がとても持てなかったというのが本音です。

さて、物性物理学といってもいろいろあって、どの研究室にするかずいぶん迷いました。ちょうど私が学部4年生のとき、第1章でも登場した、私の指導教員となる井野正三教授が他の大学から移ってきました。「表面物理学」という新しい分野の研究室を開くというのです。私は、新しい分野なら活躍できる余地がまだたくさんあり、これから大きく発展する分野なのではないか、また、何よりも新しい研究室なので先輩がいないのがいい、自由にのびのびと研究できそうだ、というまったく非科学的な理由でこの研究室を選びました。でもこの選択方法はあながち見当外れではないと思います。就活で会社を選ぶときもそうですが、人気の大企業を目指すより、新興業種の新しい会社のほうが発展の可能性が大きく、夢を感じます（しかし、もちろんリスクも大きいでしょうが）。そのノリで研究室を選んだのです。

成熟した分野や歴史の長い研究室では、知識や実績、実験設備などの蓄積が膨大で、その上に乗ってちょっとした新しい結果を出すとたちまち世界初の成果になり、学会で発表したり論文として発表できたりする場合も多いことでしょう。まさに「巨人の肩に立つ」状態です。一方、新しく立ち上がった研究室では、設備もノウハウの蓄積も十分でなく、指導してくれる先輩もいないのでいろいろ苦労します。その反面、研究室の基礎を自分の手で築き上げるので、非常にやりがいがあって勉強になるものです。長い目で見るとむしろ良かったという場合もあります。

しかし、専門分野や研究室の選択に関して、私自身がやったような上述の行き当たりばったり的選択法を読者のみなさんに勧めることはできません。もっと緻密なアドバイスを、ここ数年の間に私のところに見学に来た大学院志望の学生たちからの質問などを参考にして、まとめてみます（これらのアドバイスの一部は、米国科学アカデミー編『科学者をめざす君たちへ〔第3版〕』という優れた手引書にも挙げられています）。

①　まず、それぞれの研究室の基本的な情報はホームページにあるはずです。そこに載っている解説や研究室のボスである教授が書いた学会誌の解説記事などを拾い読みして、**研究内容の概略をまず知りましょう**。学会発表や論文発表の情報もホームページで公開している研究室が多いでしょうから、それもチェックするべきです。研究室に所属する大学院生が学会発表や論文発表を積極的に行っているかどうかは重要なポイントです。また、研究室によっては、卒業生の情報を載せているところもあります。その研究室の卒業生がどんなところで活躍しているのか、アカデミックポジションか、企業か、官公庁か、あるいは文転してマスコミや金融などに就職している場合もあります。そのような例を見ると、自分の将来を具体的に想像でき、研究室選択のための重要なファクターになるでしょう。

②　次に、**研究室訪問を必ずしましょう**。これは最も重要なことです。教授にはメールや電話でアポをとり、訪問して面談してください。教授から研究室の研究内容を説明してもらうとき、教授の熱意を感じるかどうかが最重要のチェックポイントです。また、研究方針や教育

方針を教授に直接質問しましょう。学生に何を期待しているのか、先輩学生たちはどんなふうに学位をとったのか、就職状況はどうか、研究費は潤沢か、などを質問してみましょう。

③　さらに、もし可能ならば、教授だけでなく**研究室の助教やスタッフ、先輩大学院生たちと直接話してみる**ことを勧めます。研究室に入ると、毎日長い時間一緒にいて細かいことを直接指導してくれるのは、ほとんどの場合、教授ではなく研究室の先輩たちです。教授の人柄も重要ですが、研究室の若手メンバーたちの雰囲気を知っておくことも劣らず重要です。時間帯が合えば、メンバーたちと一緒にランチを食べに行ったりするといいでしょう。そのときに何をきくかというと、その研究室の研究スタイルや研究発表の様子など、教授にぶつけた質問と同じ質問をしてみてください。たとえば、

・一人一人が独立して別々のテーマで研究をやっているのか、数人がサブグループを作って共同で研究するのか、研究室全体が一丸となって一つのテーマを研究するのか
・実験装置や大型計算機はどれだけ自由に使えるのか
・毎週のグループミーティングでは何をやっているのか
・先生を入れない自主ゼミなどはやっているのか
・学生による学会発表がどれだけ奨励されているのか、その旅費などは補助されるのか
・国際会議での発表のために海外に行かせてもらえるのか

・論文発表にどのように関われるのか、第一著者になる可能性はあるのかなど、若手メンバー相手なので、ざっくばらんにきけるはずです。また、②できいた教授の説明の裏付けもとれます（セールストーク的な説明をする教授もいるかもしれませんので）。

④もっと言えば、**研究以外の研究室のアクティビティ**、たとえば新歓コンパや追い出しコンパ（追いコン）などの飲み会、研究室でのゼミ合宿や旅行、スポーツイベント、オープンキャンパスでの研究室公開などの状況も研究室のカラーを知る上で役立ちます。研究室の新人になると上記のような研究室のイベントの世話人などもさせられることでしょう。研究室に入るとほとんどの生活時間を研究室のメンバーとともに過ごしますので、研究内容だけでなく、生活全般について取材しましょう。

②に関して、先生の側から見ると、一度も会ったことのない学生を成績が良いというだけで自分の研究室に迎え入れるかどうか決めるのには躊躇《ちゅうちょ》します。なぜなら、大学院での先生と学生との付き合いは、学部時代とは比べものにならないくらい人間的に濃いものですので、お互いの相性は重要なファクターとなるからです。

さらに、研究自体の内容と並んで、④のような**研究内容以外の情報は意外と重要**です。研究がうまく進展するためには、教授からのアドバイスもさることながら、研究室仲間によるさまざまな形でのサポートが不可欠ですので、若手メンバーの雰囲気に溶け込めるかどうかが大切なポイントです。結局、教授を含めて、一人一人がいきいきと楽しそうに研究の話をしてくるかどうかが一番のポイントかもしれません。

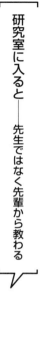

研究室に入ると――先生ではなく先輩から教わる

運良く大学院入試に合格し、研究室に入ると、実験装置やコンピュータの使い方、液体窒素のもらい方、金属加工室のおじさんとの付き合い方、講義の選択の仕方、グループミーティングでの発表の仕方、論文の探し方、物品の購入方法、事務室とのやりとりなどアカデミックなことだけでなく、美味しい穴場レストラン、アルバイト探し、就活のやり方やデートの仕方など生活面でも、先輩の大学院生や若手スタッフから教えてもらう細かいことが無数にあります。

ですので、ここで重要な注意点を挙げるとすれば、いろいろな場面で「自分の都合より先輩の都合を優先しましょう」ということです。大学院生になりたての皆さんも忙しいでしょうが、先輩だって自分自身の研究や私生活で忙しいわけで、その合間をぬって後輩を指導してくれるわけです。大学院生、助教、スタッフにかかわらず、先輩の都合を最優先して指導を受けるよう心掛けてください。先輩が後輩にわざわざ、

「この装置の使い方を教えてあげるよ」

と言っているときに、

「いや、ちょっと今から友達と遊ぶ約束があるんで、またにしてください」

と返事して帰ってしまったら、もう二度と教えてもらえないと考えたほうがいいでしょう。意地悪でもなんでもなく、当たり前のことです。もちろん、本当に動かせない用事がある場合には先輩によく事情を説明して、翌日にでも教えてもらう約束をその場で取り付けるようにします。

「自分の都合より先輩の都合を優先」というと気が進まないかもしれませんが、**先輩から指導を受けることには大きなメリットがあります。研究の細かなテクニックを教えてもらえば、研究の効率が大幅に上がる**のです。実験、理論を問わず、研究にはそれぞれの分野特有の細かなノウハウが無数にあります。講義で習った原理原則だけで研究が進むわけではありません。

　また、先輩からそのようなこまごましたことをうまく教えてもらう秘訣は、先輩の研究を手伝うことです。手伝ってもらえば先輩も喜んで後輩にいろいろ教えてくれます。また、先輩の研究を手伝うことでさまざまなテクニックを習うこともでき、一石二鳥です。

　このように、研究室では教授から直接教わる機会も内容も少なく、むしろ研究室内の先輩院生や助教・ポスドクなどの若手研究者からたくさんのことを教わるものです。西川純著『アクティブ・ラーニング入門』によると、昔からのいわゆる「徒弟《とてい》制度」では、親方が直接教えることは稀で、弟子どうしが学び合って成長するといいます。吉田松陰の松下村塾でも緒方洪庵の適々斎塾でも、塾生どうしが互いに切磋琢磨して学び合い、先生が教えたことは学ぶことの意味だったそうです。大学の研究室も同じ雰囲気なので、今風に言えばアクティブラーニングになっているのです。「徒弟制度」は時代の最先端を行っているとも言えるのです。

具体的に言うと、教授とは、研究の方針の議論や得られたデータを過去の先行研究と比較して解釈するとき、あるいは高額の物品を購入するとき、故障した装置の修理のときなど、接触する機会と時間が限られていることが普通です。研究室によっては毎週のグループミーティングで、学生やスタッフ一人一人が自分の研究の進捗状況報告をして教授と議論するというやり方もあるでしょうし、あるいは教授にアポをとって月に1、2回、1時間程度個別に議論してもらうというやり方も一般的です。ですので、そのような教授から直接指導を受けられる少ない機会を有効活用するよう、準備万端整えて臨むことが重要です。先生との有意義な議論は研究を加速するのに大変有効ですし、自分をアピールできる絶好のチャンスでもあります。進捗状況報告で目を見張るようなデータやそのみごとな解釈のプレゼンが学生から出てくることがときどきありますが、教授はそれを一番楽しみに待っています。もちろん、装置の故障修理の相談も気の重い話ですが重要です。

定期的な先生との議論でネタがなくなるといけないので、成果を小出しに報告するといった

「ウラワザ」を使う学生がいるとの話を聞いたことがありますが、まったく馬鹿げたことです。**今週は何の進展もなかったというなら、それはそれで構わない**わけで、先生は怒ったりはしません。研究とは単なる作業ではありませんので、定常的に少しずつ進展するというイメージは当てはまりません。**何も進展しないように見えた長い期間のあとに、何かのきっかけで突然、不連続的にジャンプして進展する**ということがよくあります。教授は忍耐強くそれを待っています。

私の指導教員だった井野教授の名言。何も研究が進んでいないように見える時期を「アヒルの水かき」と言います。アヒルが悠々と水面を音もなく進んでいるとき、見えない水面下ではせわしなく足を動かしているのです。まさに水面下で頑張っていて、充分な力が蓄積されたある日、目に見える水面上に突然成果が出てきます。

研究テーマ――初めはぼんやり、徐々に具体化

大学院修士課程（あるいは4年生の卒業研究）で研究室に入ると、まず研究テーマの探索から始まります。そのやり方は研究室や分野によって違い、いくつかのパターンがあるようです。

(a)「なんでもいいですよ」型

教授はまったく指針を与えず、学生自身が興味あるテーマを探

し出してくるタイプです。まず学生が研究テーマを提案し、教授がそれに対していろいろコメントして、必要なら修正したり焦点を絞ったりします。当該専門分野で西も東もわからない新入生に、「なんでもいいから研究テーマを設定しなさい」というこのパターンは、かなりレベルの高い学生でないと対応できないでしょう。このタイプは理論系の研究室では多いようですが、実験系の研究室では実験設備の関係上、ある程度の範囲を制限して興味あるテーマを探してもらいます。今までの研究室の伝統にとらわれない新しい研究の方向性を見いだすきっかけにしてほしいという考えで、あえてこのやり方をとる教授もいるようです。

(b)**「こんな方向でやってみたら」型**　研究室にある設備や経験などを勘案して、教授が大雑把な研究の方向性のみを提示し、それに沿って学生自身にテーマを具体化してもらうという提案の仕方です。この装置で何か測ってみたらとか、この物質が面白そうだから何か研究してみたら、といったやり方です。その方向性に沿って具体的に何をどう研究するかは、学生が主体的に考えます。第1章で述べた私の修士課程での経験がこのタイプにあたるでしょうか。

(c)**「どれがいいですか」型**　教授がいくつかの具体的なテーマを準備していて、それぞれを新入生に説明し、その中から一つ選んでもらうというやり方です。その研究室での従前からの研究経緯がありますので、その流れに乗ったテーマになることが多く、新入生に合った適切な難易度のものを準備してくれる教授が多いようです。ある程度の成果が予期できる堅実なタイプですが、ときには、教授が冒険してみようと考えて、あえてその研究室では目新しいテーマを提案する場合もあります。

(d)「これをやりなさい」型　教授は今までの研究の流れから、明確な研究計画を持っていて、新入生には、このテーマで研究をやってもらいたいと明確なミッションを与える場合もあります。流行《はや》りのテーマで競争が激しく研究進展に緊急性を要する場合には、このタイプになる場合が多いでしょう。あるいは、大型研究プロジェクトの中に組み込まれる場合、たとえば、来年打ち上げる観測衛星に搭載する検出器の感度と精度を定量的に校正する、といった明確なミッションを与える場合もあります。

多くの研究室では、学生の自主性にある程度配慮して、(a)〜(c)のタイプをとっているでしょう。私の研究室の場合には年によってニュアンスが微妙に違いますが、おおむね(b)と(c)、あるいはその中間型をとる場合がほとんどです。大学院ではなく国立研究所や民間企業の研究所では、研究すべきことがグループや研究所全体で決まっているので、新人研究者には明確な研究ミッションを与える場合が多いようです。

どのタイプであれ、「大学受験で出題されるようなきちんとした条件設定がされていて、誰が解いても同じ唯一の答えが出るような研究テーマ」はありません。目標の設定や研究の方向性を具体化しながら研究が始まりますので、軌道に乗るまで時間がかかります。背景となる当該分野の実情や先行研究を調べ、必要な知識・実験技術などを習得しながら、どのような成果を目指すのか徐々にイメージを描いていきます（当初のイメージ通りに進むことはほとんどありませんが）。

まずは、教授やスタッフ、先輩大学院生などから典型的な関連文献を教えてもらい、それを読むことから始まるのが普通でしょう。研究に必要なスキルを習得するために、先行研究の成果を再現する実験や計算などを行ってみることが、とりあえずの研究のスタートになることも多いでしょう。先輩について「見習い」としてある一定の期間を過ごしてスキルを身につける場合も多いでしょう。ジャングルに分け入るときに、自分の装備やスキルを点検せずにいきなり未知の領域には入れません。しかし、逆にジャングルに分け入って一歩一歩進みながら必要な知識やスキルを身につけるというのも一方では現実的です（第1章で述べたように）。

研究データが採れ始めたら、それをある程度整理して解析し、研究室のグループミーティングなどで積極的に報告し、教授や先輩たちに議論してもらいましょう。複数の目で見るといろんなコメントが出てきて、大変有益なはずです。

「その観点からの研究、見たことないね。面白いよ」

「そんなことはとっくにわかっていることだよ」

「それ、僕も過去にやったことがあるんだけれど、結局こういう理由であきらめたよ」

「それに似た研究、この間アメリカの学会の講演で聞いたよ」

などなど。勇気づけられるコメントもあれば落胆させられるコメントもあるでしょう。とにかく、**教授や研究室の先輩たちの知識と経験をうまく利用してください**。

学部の卒業研究や修士課程での研究のテーマは、教授からある程度与えられたものとなることが多いでしょう。これに対して、博士課程に進学すると、そこでの研究テーマは自分自身で主体的に探すことが求められます。修士課程を含めて、当該分野ですでに2、3年の研究キャリアを積んでいるので、自分で研究テーマの候補を二つ三つ挙げられないようではダメです。また、所属研究室の設備やスキルを勘案して、実現可能なテーマを自ら探し出して、教授に提案するぐらいになってほしいものです。そのテーマ候補に対して、教授や助教がいろいろコメントしてくれると、さらに実り多い方向に軌道修正しながら進めることができます。博士課程では独立した研究者になる一歩手前ですので、修士課程とはまったく違った気構えが必要です。

優秀な学生とは

よく言われることですが、優秀な学生は、あれこれ指導する必要はなく、好きなように研究させていれば自ずと新しい道を切り開いていきます。しかし、多くの学生は、先生が方向性を示したほうが能力を発揮できるものです。目的や手法が明確になっている（well-definedな）研究テーマを示したほうが取り組みやすく成果も出やすいのは確かです。先生が、一人一人の学生の能力や性格に応じて対応の仕方を使い分けているはずです。

私の研究室にいた優秀な学生の例を挙げましょう。その学生が修士課程で期待したような成果を上げたので、私は、彼の博士課程での研究テーマとして、その延長線上を進めば、さらなる高みに到達できると思って、その方向での研究テーマを彼に提案しました。優秀な彼は、私の指示した方向での研究を手早く実行し、ある程度の成果をあっという間に出してしまいました。そして、グループミーティングで彼はその成果を報告し、

「先生が指示したテーマではこんな成果が出ましたが、あまり面白くありません。僕は新しく、このような別のテーマをやりたいのです」

と言って、まったく違う研究の提案をプレゼンし始めました。これには驚きました。その新しいテーマに関する先行研究の調査、今何が問題になっているのか、自分なりの着眼点と私の研究室で出来そうな実験の計画を彼は明確に語ったので、私はまったく感心してしまい、二つ返事でその研究を彼にやってもらうことにしました。

これに対して、「中途半端に優秀な」学生は、教授の提案した研究テーマが気に入らない場合、そのテーマがいかにつまらないものかをいろいろ理由を並べ立てて言うだけで実際には実験

せず、そのかわりに自分の考えているテーマがいかに面白そうかをとうとうと述べます。

しかし、上述のように**本当に優秀な学生は、先生の提案した研究を手早く実際にやってみせて、その結果がいかにつまらないかをデータで示します**。そして、自分の考えたテーマをやらせてくださいと言うわけです。教授は降参するしかありません。そのような頼もしい学生が次々と出てくることを教授は願っていますが、私の経験では極めて少ないと言わざるをえません。

このようなことは、多分、多くの会社での上司と部下との間でも持ち上がる問題と思います。「できない」部下ほど実行を伴わない不平不満ばかりを言うものです。上司の言うことを否定したり覆したりするには、**屁理屈ばかり言っていないで実際にやってみて、その結果を示して「ほら、こんなにつまらないですよ」と上司を説得する**べきです。

上記の学生は、自分が提案したテーマで実際に研究を行い、予想以上の成果を出してみごとに博士号を取りました。その研究テーマは、今では私の研究室のメインテーマといえるほど大きく膨らんでいます。

研究テーマに関して、ノーベル賞受賞者など偉い研究者たちが、「瑣末《さまつ》なテーマではなく、重要なテーマ、大きいテーマで研究しなさい。それが独創的でインパクトある研究になる」といった趣旨のことをよく言っているのを見聞きしますが、あまり同意する気にはなれませんでした。なぜなら、私自身の研究が重要かと問われれば、地球温暖化やｉＰＳ細胞の研究に比べればそれほど重要ではないにしても、独創的な研究であることは間違いないという自負があるからです。それに、重要でない研究は本当に必要ないのか、と反発する気持ちもありましたので。

そんな気持ちでいたとき、最近、『科学者の卵たちに贈る言葉——江上不二夫が伝えたかったこと』（笠井献一著）で心に響くフレーズを発見したので、ここに引用します。

「『独創的研究をやるべきだ』というスローガンに乗せられることこそ付和雷同。独自性を失っている。（…）自分の仕事が独創的じゃないかもしれないなどと余計な心配をしないで、自分の仕事に自信と愛情をもって、自分のペースで進めてゆきなさい」

なんというすばらしい言葉！　本当に勇気づけられます。

同書には味のある言葉がいくつも出ています。研究テーマに関してもう一つ紹介します。

「牛馬《うしうま》的研究、銅鉄《どうてつ》的研究も悪くない」

牛や銅でやった研究を、そのあとに馬や鉄で同じように研究してみること、つまり、ちょっと研究対象を変えていわば二番煎じ的な研究をやることを「牛馬的研究」「銅鉄的研究」といいます。普通、これは悪い陳腐な研究のたとえとして言われる言葉ですが、この本では、そのような研究でも悪くないと言っています。**悪いのは、牛で研究したので、馬では新しいことなど出ないだろうという先入観を持つこと**だと強調しています。

物性物理学の専門家の私に言わせれば、銅で研究したからといって鉄でも同じだろうから研究する必要はない、銅のあとの鉄の研究など二番煎じだ、などという言葉は、物理をまったく何もわかっていない証拠だとしか言いようがありません。銅と鉄はまったく違う金属です。鉄は磁石になりますが、銅はなりません。銅で超伝導体が発見されたからといって鉄で超伝導体ができるとは限らないのです。余談ですが、銅の超伝導体が発見されてから20年以上経って、最近、鉄の超伝導体が発見されました。それを銅鉄的研究だと誰も批判したりはしないし、それどころか、銅の超伝導体でノーベル賞になったので（１９８７年、ベドノルツとミュラー）、鉄の超伝導体でもノーベル賞にすべきだ（発見者は東京工業大学の細野秀雄教授）、という声さえあります。

こういうわけで、牛馬的研究や銅鉄的研究、つまり枚挙的な研究はやってみる価値のある研究だというのです。私もまったく同意します。とくに、駆け出しの研究者である大学院生が取り組むのには、**先例がある研究の方法を模して、しかし、対象を変えて研究してみる**のは、良い訓練になります。それで先行研究の結果との違いが出たとしたら、有意義な科学の発見につながるかもしれませんので、非常に教育的です。そこから本質的に重要な何かが出てくるかもしれません。**初心者には銅鉄的研究テーマを勧めます。「二匹目のドジョウ」を狙っていいのです。**

もちろん、独創的な発明・発見をした研究者は偉いですが、そのあとに続いて枚挙的な研究をしてその発明発見を大きな学問体系や有用な技術に育て上げた無数の（偉くない）研究者の寄与も忘れてはなりません。ノーベル賞は、その最初の人だけに与えられますが、それを模して拡張させた後続の研究も大いに価値があります。

研究ノートとデータ――研究者の証

2014年に起こったSTAP細胞事件で話題になりましたが、実験ノート、あるいはもっと一般的には、「研究ノート」は極めて重要です。また、研究で得られたデータの取り扱いについても認識を改める必要があります。なぜなら、現在の研究のほとんどが国からの研究費、つまり税金で賄われているからです。研究で得られた結果やデータ、それを記録した研究ノートは研究者個人のものではなく、所属機関や研究室のものであり、大げさにいえば公共財なのです。

データをとったり解析したり、現在では何でもコンピュータでやっていますが、それでも手で書く研究ノートは不可欠です。以下に使い方のポイントを挙げます。

・コンピュータで作ったグラフやデータ一覧表などは、**すべてプリントアウト**して研究ノートに貼り付ける。電子データとしてだけでなく、紙に書かれた記録としても残しておく。
・研究ノートには、ルーズリーフのようにページを自由に取り外しできるものではなく、**ページが綴《と》じてあるもの**を使う。

・鉛筆ではなく、**ボールペンなど消せない筆記具**で記録を残す。

アメリカでは研究ノートが発明日と発明者の証明に使われますので、研究ノートは極めて重要です。日本では研究ノートではなく特許出願日で発明の早い遅いが決められますが、それでも研究ノートは研究をやった証拠、あるいは研究不正の疑義をかけられたときの誠実さの証明として重要です。また、大学によっては、博士論文と一緒に、それのもとになった研究ノートを同時に提出させて審査するところも最近出てきたと聞きます。

研究ノートやデータは、所属機関や研究室の所有になり、そのノートをつけた研究者は、教授や所属上長の許可を得てそれらをコピーする権利が与えられるだけです。ですので、大学院生が卒業するときや研究者が他の研究機関に転勤になるときには、研究ノートやデータのコピーは持って行けますが、ノートそのものを持って行くことはできません。自分の研究データだから構わないと考えて、卒業と同時に研究室のコンピュータにあったデータをすべて消去して出て行った学生がいるという話を聞いたことがありますが、言語道断です。

18世紀のヘンリー・キャベンディッシュ（イギリスの化学者・物理学者、大富豪だったことで有名）のように自分のお金で研究しているのならデータを独り占めしてもいいでしょうが、現代ではありえません。民間企業の研究所でも、当然ながらデータや研究ノート、さらには装置の設計図や仕様書、研究発表に使ったスライドファイルなど、研究に関わるものすべては、所属機関の所有物です。

実は、このようなことが声高に言われるようになったのはSTAP細胞事件後のことですので、ごく最近です。私が大学院生だった三十数年前には研究ノートをしっかり書く習慣はありましたが、それが大学や研究室の所有物だという認識も教育もまったくありませんでした。実際、私の修士課程2年間の研究ノートが10冊ほど私の自宅にいまだに保存されています。

いずれにしても、研究ノートをきちんと書いて残しておくことは研究者のイロハのイです。2014年に日本で起きたSTAP細胞事件や、2000年から2001年にかけて米国のベル研究所で起きたシェーン事件と呼ばれる研究不正事件では、いずれもまともな研究ノートが存在せず、研究の実態があったことを証明できませんでした。

しかし、研究ノートの書き方は画一的な形式があるわけではありません。分野や研究室によって流儀が違いますので、まずは先輩などのノートを真似ることから始めましょう。そのうち、自分自身の流儀ができてきます。また研究室によっては、一つの装置を複数の研究者が入れ替わり立ち替わり使用する場合もあり、その場合、その装置の「ログノート」と呼ばれる研究ノートが装置に備え付けてある場合があります。その装置を使う研究者すべてがそこで何をやったか記録を残すことによって、その装置がどのような履歴をたどって現在どのような状況になっているのか追跡できる情報が書き込まれています。ですので、装置の不具合が発生した場合、そのログノートを過去に遡ってたどると、原因を突き止めるのに役立つこともあります。

とにかく「郷に入っては郷に従え」、まずはその研究室でのやり方を学びましょう。そして改善できるところがあるのなら、そのあとに提案しましょう。「守破離《しゅはり》」と言われるように、まずは研究室のルールなり流儀なりを「守り」、そのあと不合理なところや改善できるところを発見したのなら、先輩や教授に修正を提案して「破る」という順番で進んでください。ＳＴＡＰ細胞事件のとき、よくマスコミに出ていたフレーズ「自己流でやってしまい……」ということは、「守」の段階をすっ飛ばしてしまったということなのです。

失敗実験のデータや試しにやってみた「味見実験（パイロット実験）」のデータ、つまり学会発表や論文に使えないという不使用データもたくさんあると思いますが、それらもすべて記録に残してください。そのときには意味のないデータだと思っても、あとから見直すと意味が出てくる場合もあります。また、たとえば、実験装置の不具合がいつから始まったのか遡って追跡するときにも、そのような不使用データが役立つ場合もあります。

データがコンピュータに保存されている場合が多いと思いますが、そのフォルダー名やファイル名は研究ノートにしっかり記録し、また、コンピュータのデータは、不使用データも含めてすべて、定期的にバックアップしましょう。高価な実験装置やコンピュータ、それらを動かすための電気代など、お金をかけて採った研究データであり、何より研究者自身の貴重な時間を費やして得たものですので、消えてしまったらそれこそ冗談では済まされません。マシンタイムの都合などで、場合によっては同じ実験をすぐには繰り返せない状況であるかもしれません。

ハードディスクのクラッシュのためにデータがすべて消えてしまい、そのために博士論文の完成が半年遅れたという学生の例も聞いています（その例では、生データは装置に直結した別のコンピュータに保存されていたので、それをもとにデータ解析とグラフの作成をゼロからやり直すことができ、致命的なダメージにならずに済んだそうです）。ですので、得られたデータ（や書きかけの論文原稿、作成したグラフ・図のデータなど）はこまめにバックアップして、大切に保存してください。

『ジャッカルの日』や『オデッサ・ファイル』で有名なイギリスの小説家フレデリック・フォーサイスは、その日に書いた原稿はすべてコピーをとり、そのコピーを銀行の貸金庫に保管するという作業を毎日繰り返していたと聞いたことがあります。火事や盗難で原稿がなくなった場合に備えていたそうで、研究者も見習ってもいいかもしれません。私もこの本の原稿は、毎日とはいわないまでも数日に一度はPCからメモリースティックと研究室のサーバーにバックアップしながら書いていました。「もし、何かの拍子にファイルが消えてしまったら」と考えると、怖くてバックアップしないわけにはいきません。丹精込めて長い年月をかけてやっと採った研究データも、フォーサイスの原稿と同じように貴重なはずです。

研究ノートは、公共財という意味の他に、研究者個人にとっても重要な意味があります。日々の研究で何をやったのか、研究しながら何を考えたのか、何か腑に落ちないことがあったのか、何かおかしいなと思ったのかなど、**やったことだけでなく考えたことすべてを記録するという癖をつけておく**と、後々役立ちます。「明日の自分は他人」と思って記録をつけてください（ひどいときには、なぜこの実験を行ったのかさえ忘れてしまうこともあります）。ちょっとした閃きは書き留めておかなければすぐに記憶から消え去ってしまいます。また、そのような**小さな閃きは実験や計算をやっている最中に出てくるもので、研究の進展や大きな発見のきっかけになる**ことがあるかもしれません。研究ノートの、この「完全備忘録」的役割が研究者個人にはとても大事です。

研究がうまくいかない――未熟、不運、的外れ

研究は、はじめに計画したようには順調に進まないのが普通です。その理由として、スキルが未熟、不運、的外れ、極めて非効率的といったことが考えられます。

研究にはすべて、その分野特有のスキルが必要です。私の研究室でよくあるパターンですが、研究室に入ってまもなくの学生が、先輩院生や助教などに教わりながら一緒に一連の実験をしたときには実験は成功し、あるいはその後１、２ヵ月間ぐらいは自分ひとりでやっても実験は成功

していたのに、数ヵ月経つとだんだん成功しなくなった、という事例です。多くの場合、その原因は、その学生が知らず知らずのうちに「手抜き」をしていることなのです。

多くの実験研究では、何段階もの手順を踏んで試料を準備し調製して測定します。たとえば、測定装置に入れる前に試料を純水で3回洗浄すると先輩から教わっていたことを、自分ひとりで実験するようになって何かの拍子に2回の洗浄でやってみたら問題なく実験が成功してしまった、次には1回洗浄でやってみても何の問題もなかった、という経験をしたとします。そうすると、もはや3回洗浄するべきことを忘れてしまい、1回の洗浄で実験するのが当たり前になってしまいます。3回洗浄するには何か理由があるはずなのですが、その理由を先輩から教わっていなかったので、1回しか洗浄しない試料を何回も測定していると、その悪い影響が測定装置側に積もり積もって、ある時点で測定がうまくできなくなるという症状になったりします。そうすると、原因不明で実験が成功しない、と学生は訴えてきます。装置の故障を疑って点検したり、いろいろ調べた結果、試料の3回洗浄をサボって1回洗浄でやっていたことがわかり、そのとき初めて先輩や教授から3回洗浄が必要な理由を聞かされるという場合があります。

これに類するトラブルはたくさんあります。研究手法や手順の一つ一つ、あるいは装置のネジ1本にいたるまで、ちゃんとした意味があります。トラブルを防ぐためには、その意味をしっかり教えてもらい、**とにかく最初は型通り忠実にやること**が重要なのです。その**型を作るのに先達**

はかなりの試行錯誤と時間をかけていますので、安易に変更したりすると不都合が忘れた頃に出てきます。型を破るのは、それに精通して熟練してからにしてください。

あまり重要でないところに不必要に時間と労力をかけてしまい、研究の肝心なポイントをなかなか攻められないタイプの学生もいます。まずは大雑把に全体を把握するために粗っぽく実験し、肝心なところを見いだしてから、そこを集中的に細かく丁寧に実験する、といった手順で研究を進めれば大変効率的です。たとえば、温度を変えるとある現象が変化する場合、現象の変化が緩やかな温度範囲では10℃おきに測定すればいいでしょうが、変化が急激に起こる温度領域では０・１℃おきに測定するなど、臨機応変に要領よく進めるのがコツです。全部の温度範囲で０・１℃ずつ丁寧に測定していると長時間かかり、肝心な温度範囲に来たときには試料がダメになっていた、といったことも起こりえます。要領が悪いと単に仕事が遅いというだけでなく、目的とする仕事自体ができなくなるという場合があります。

私は折に触れて学生たちに、

「お城の本丸をいきなりミサイルで攻撃しろ。外堀や内堀を埋めるところからやってはダメだ」

と言っています。問題の核心を、まず最初に、試しに突いてみる。突いてみて面白そうだとわかったら、周辺を固めて着実に研究を進めるのがいい。問題の核心を突いてみて、あまり面白そうな結果が出ないようだとわかったら、その周辺を固めながら研究を進めても仕方ない。時間の無駄になります。**研究は、お城でいえば本丸に敵の大将がいるのかどうかわからない状態でアタックするもの**ですので、外堀や内堀を埋めるところから正攻法で攻めたはいいが、結局、大将はいなかったという場合もあります。ですので、目指す敵の大将が本丸にいるのかどうか、まずはじめに何らかの情報を得る努力をし、その結果ネガティブな情報しか得られなかったら、その城には見切りをつけて他の城を攻めるべきです。これは非常に重要で、時間の節約になります。

よく研究の指南本や講義では、「研究は着実に論理的に進めるべき」と言われると思いますが、着実に歩みを進めるにしても、**そのゴールがつまらないものだったら意味がありません**。ゴール、つまり本丸に大将がいるのかどうか、学生はもちろん教授でもわかりません。それが研究なのです。

流行りの研究テーマでは、ゴールが魅力的、本丸に大将がいるということがわかっているので大勢の研究者が飛びつくわけです。ですので、流行りのテーマをやると精神的には安心感が得られます。流行りでない研究テーマでは、本丸を攻める意味があるのかどうかさえわからないので、とても不安で、それゆえ誰もやらないわけです。ひょっとして、その本丸には敵の大将と一緒に財宝が待っているかもしれないし、逆に何もないかもしれないのです。

どんな問題が生じて研究が進まないのか、毎週のグループミーティングのときに教授に報告したり、頻繁に先輩に相談したりしましょう。先輩たちは豊富な経験を持っていますので、後輩学生が経験する失敗はほとんど経験済みのはずです。もちろん、新しい装置などの場合には誰も経験がありませんので、先輩や教授に相談すればー緒になってあれこれ考えてくれるはずです。研究の過程で周りの人たちに相談して援助してもらうことは、試験でのカンニングとは違ってなんの問題もありません。むしろ推奨されます。**周りの研究者から援助されることがうまい研究者は、研究者としての能力に優れているとさえ言えます。**ひとりで悪戦苦闘して悩んでいるのが一番非効率的です。積極的に先輩に報告と連絡と相談をしましょう（ホウレンソウ！）。見方によっては、さまざまな装置の故障や障害、研究上の問題にぶつかって、それらを解決することによって、自分の「経験値」を上げることになりますので、問題にぶつかることはとても良い訓練と言えます。研究では、教科書や学会発表や論文で表に出てこないこまごましたスキルやノウハウに関する経験値がものをいいます。ここが高校や大学までの勉強と大きく違うところです。

実験をしたら予想に反する結果が出たという場合、それは失敗ではありません。その予想が間違っていたのか、あるいは実験の手順やパラメータが間違っているのか、のどちらかです。前者だった場合には、大発見かもしれません。予想のもとになった理論が間違っている可能性があるからです。後者の場合には、違った条件では違った結果になるという新しい知見を得たことになり、これまた新しい発見につながるかもしれません。試験管を割ってしまったとか装置を壊してしまったといった単純な意味での失敗以外は、すべて思わぬ発見につながっている可能性があります。ですので、**失敗してしまったとがっかりして、すぐにデータを消去したり試料を捨ててしまったりしないでください**。なぜ失敗したのか、データを入念に調べたり変色した試料を良く観察したりして、じっくりと考察してください。その失敗は失敗ではないかもしれません。

その有名な例が2000年のノーベル化学賞を受賞した白川英樹教授のポリアセチレンの研究です。当時の研究員がポリアセチレンを合成する触媒の量を誤って1000倍にしたために、本来は粉末状のポリアセチレンができるはずだったのが、ぼろぼろの膜状のポリアセチレンができた、それが導電性高分子膜の発見につながった、とのことです。「失敗だ!」と見慣れない試料を捨ててしまっては何も始まらなかったのです。「アレッ、これはなんだろう?」と思うかどうかが分かれ目です。このような例が、実はすぐそばに転がっているかもしれません。

「大蛇の尻尾」をたどる——不連続的な飛躍を生む

研究は、ささいなことがきっかけになって進展することがあります。実験をやっていて「アレッ、おかしいな」と思ったことが、研究の飛躍的な進展や大発見の端緒になることがあります。第1章で述べたように、私の修士課程の研究では、井野教授が自身で実験していてときどき出現するおかしな現象に気づき、私にそれを調べるよう指示したことが成果につながったわけです。

ですので、教授がおかしな現象を何かの間違いと思って見過ごしていたら、私の修士課程での成果はなかったでしょうし、実は、私が卒業したあとも後輩たちがその研究を拡張して論文を何本も書いていますので、それらの成果もなかったでしょう。井野教授は口癖として、

「データで何か小さな異変とかおかしいなと思うことを見つけたら、それは『大蛇の尻尾』かもしれない。それをしっかり持って離さず、しつこくたどっていけば大蛇全体の姿が見えてくるかもしれないぞ」

と学生たちに言っていました（もちろん、大蛇の尻尾だと思ってたどっていったら青大将の尻尾で、がっかりさせられることも多いでしょうが）。研究では、ちょっとしたサインを見つけたらチャンスと思って、ある程度しつこく追いかけてください。予想もしない思いがけないところで現れます。

また、データを先入観なしで客観的に見なさい、とよく言われますが、時と場合によっては、それは良くない指導かもしれません。データの中でノイズに埋もれている微妙なシグナルを見いだすときなど、先入観なしで見ていたら、とても発見できそうもないことがあります。そのような場合には、**このへんに意味のあるシグナルがあるはずだという先入観をもってデータを見ると、そのように見えてきます。そこをしつこくノイズを減らしたり感度を上げたりして調べると、きれいなシグナルがはっきり見えてくることがある**のです。そのような「勘」を働かせるには、やはり研究の経験値がものをいいます。同じようなスペクトルや顕微鏡写真をたくさん見る

ことで、職人芸的な鋭い勘が養われます。

とくに自然科学の研究は、(試験問題のように)理詰めで客観性をもってやればできるだろうと漠然と思われているかもしれませんが、最先端のぎりぎりのところでは、動物的とも思える嗅覚や勘がものをいいます。しかし、それは動物的なものではなく、豊富な研究の経験によって培われてきた第六感のようなものです。学会発表や論文では、**そのような第六感で発見した成果を、後付けの理論を使って論理的に説明して、あたかも理論に基づいて研究を進めた結果発見された成果だという形でプレゼンします**。なので、なかなか研究の実情は外から見てもわからないものです。研究成果は、実は、最初の発見や発明はまったく論理的でない不連続的な飛躍、あるいは偶然がきっかけになったという場合が多いものです。

私が学部4年生のときに原子核物理学という講義を担当していた有馬朗人《あきと》教授(後に東大総長、文部大臣、科学技術庁長官になった先生)が授業中に言った一言がいまだに忘れられません。

「俳句を勉強するといいよ。研究での不連続的なジャンプを生み出す直感力がつくよ。君たちは式を変形して論理的に考えていると新しい発見にたどり着けると思っているだろうが、実際はそうじゃない。不連続的な発想の飛躍が必要なんだよ」

という趣旨の言葉です。有馬教授は理論原子核物理学者としてだけでなく、俳人としても有名な先生です。講義でその言葉を聞いたときには、試験問題のように、与えられた問題に対して式を立てて、それを変形して解けば新発見につながると思っていましたので、この言葉に対して非常に違和感を覚えた記憶があります。

でも、研究者になって実際に研究していると、有馬教授が言った「不連続的な飛躍を生み出す直感力」の意味がだんだんわかってきました。論理的に一歩一歩考えて研究を進めるだけでは限界があります。そこでブレイクスルーを生み出すには、論理では説明できない何かが必要なのです。しかし、その不連続的な飛躍は、あとになって振り返ると論理的に説明できるものだったりします。なぜこのような論理で考えなかったのか、とあとから思うことが多いものです。

誰でも知っている芭蕉の俳句「古池や蛙飛び込む水の音」。春の草に覆われた古池の周りの静寂を表現するために、一匹のカエルが池に飛び込んだ時の「ポチャン」という音を持ち出すことによって、かえって静寂を際立たせるという発想の飛躍が、物理学の研究での飛躍にも通じるという有馬教授の言葉は、今になってみるととてもよくわかります。

人間には「ガタ」があるほうがいい

大学院での指導教員だった井野正三教授の口癖をもう一つ。

「装置も人間も、少しガタがあるほうがいい」

装置によっては、ある部品をはめ込んで、そのあと1㎜以下の微妙な位置合わせのためにその部品の位置を少しずらして、最適の位置を探して固定するという場合がよくあります。大学院時代、私が装置のある部品を設計して発注し、製作されてきた部品を装置にはめ込んでみると、きっちりとはめ込まれてまったく動かす余地がありませんでした。位置の微調整ができなくなったのです。そのとき、教授が、「少し緩めにはまるような寸法で設計しなければダメじゃないか」と言って、続けて上述の名言を言いました。少し緩めのほうが微調整する余地があり、寸法通りきっちりと作ってしまっては調整のしようがないので、結局はかえって不都合だ。人間（の頭の中や気持ちに）も、少しガタがあったほうが、調節や融通がきいて結局はうまくいく、という意味です。この場合のガタとは「心の余裕」のようなことです。

大学院生の中には極端に生真面目な人がいます。実験計画の議論をしているときに、試しに今までとまったく違う条件で測定してみようという、言ってみれば「遊び心」から出た実験計画を毛嫌いし、とにかくすべて理詰めでものごとを進めなければ気が済まない気性の学生がいます。

「先生、なんでそんなとんでもない条件で実験する必要があるんですか」

ときかれて、

「いや、ちょっと遊びでやってみようよ。何が出るかわからないよ」

と言うと、

「先生、ふざけているんですか！」

と烈火のごとく怒り出したりします。とくに、成績優秀な秀才型の学生に多いかもしれません。このような几帳面さが度を超すと、研究に「不連続的な飛躍」が生まれない気がします。不連続的な研究の進展は、気持ちに「ガタ」、つまり余裕がないと生まれないのではないでしょうか。

別のタイプの学生の例。高校や大学での勉強をするように、毎朝決まった時間から夕方決まった時間まできっちり実験したり論文を読んだりして研究に励んでいるのはいいのですが、研究室のコンパやスポーツ大会、あるいは午後のお茶の時間などで研究時間が削られてしまうと、それだけで、何か自分は怠けてしまったと、いたく落ち込んだり不機嫌になったりする学生もいます。研究は、言ってみれば１００ｍ競走ではなくマラソンのような長丁場の戦いなので、几帳面すぎたり生真面目すぎたりすると途中でへたばってしまいます。よく研究には「強い心」が必要だといいますが、そうではなく、心に余裕を持って、適当に息抜きしながら続ければ、「強い心」で頑張らなくてもそれなりの成果を残すことができると思います。

博士課程進学か就職か――研究に対峙する覚悟

大学院では必修の講義の数は極めて少なく、ほとんどの時間を研究に費やします。ある意味、時間の使い方は自由ですが、だからといって暇なわけではありません。前に述べたように、研究の準備、実験や計算、必要物品の購入、装置の修理・調整、データの整理や解析、先行研究の文献調査、研究室ミーティングの発表準備、学会発表の準備や論文執筆など、やるべきことが山のようにあります。教授や助教が研究のお膳立てをして、お膳立てが完了したら、学生さんが研究の一番重要でおいしいところだけをやらせてもらえるのだろうと思ったら、まったくの間違いです。研究のお膳立てから自分でやります（もちろん指導教員らの指導と協力のもと）。

たとえて言うと、学部までの勉強や学生実験は栄養のバランスが整った学食の定食を食べるようなもので、出されたものをよく噛んで食べればいいのですが、大学院での研究は、自分で食材を集めて料理するところからやるのです。研究はその過程自体が研究者になるための貴重な訓練になります。まさに、ＯＪＴ（On-the-Job Training）になっています。

大学生のときには、高校までの受験勉強から解放されて、アルバイトやサークル活動に明け暮れていたという学生も多いでしょうが、大学院では逆にその時間は少なくなるのが普通です。そのため、現在では、大学院生に対して経済的支援をさまざまな方法で行っている大学院が多いと思います。「グローバルＣＯＥプログラム」とか「リーディング大学院（博士課程教育リーディングプログラム）」と呼ばれている大きな予算が文部科学省から交付されており（5年程度の期限付きですが）、私が大学院生だった30年前と比べると、今では大学院生に対する経済的支援が非常に手厚くなっています。あるいは、教授個人の研究費でＲＡ（Research Assistant）として雇われて、研究を進めながら経済的支援を受ける大学院生も多いでしょう。とにかく大学院では研究に専念できる環境が整えられているところが多く、逆にアルバイトなどに使う時間はあまりありません。

とくに博士課程の院生になったら、年齢的にはもはや学生ではないので、研究を自分の職業と思って専念するという意識が必要です。修士課程から博士課程に進学する頃には、学部から修士課程に進学するときと違って、研究に対して正面から対峙《たいじ》する覚悟が違っているはずです。面白ければやるけど、面白くなければやりません、といった甘えたことを言う学生がいますが、いつまでも「学生気分」ではいけません。面白くなければ自分で面白くすればいいのです。**夢や憧れは胸の奥にしまい、学会発表や論文といったアウトプットをコンスタントに出すという「プロ意識」を博士課程で身につけてほしい**ものです。

大学院は、学部を卒業したあと2年間の修士課程（博士課程前期と呼んでいる大学もあります）と、その後さらに3年間の博士課程で構成されています。ですので、ストレートに進学したとしても修士課程修了時には24歳、博士課程修了時には27歳になります。

多くの学生は、修士課程1年の終わり頃に、博士課程に進学するか、あるいは修士課程で卒業して企業や官公庁などに就職するか迷います。就職するならすぐに「就活」を始めなければなりません。ここがまた、学生にとって大きな「人生の岐路」になります。

私は修士課程のあと博士課程進学をあきらめ、電機メーカーの㈱日立製作所に就職する道を選びました。その理由はいくつかあります。まず、家庭の経済的事情が大きな要因です。親から、もう学費と生活費は出せないと言われていました。上で述べたように当時は大学院生に対する経済的支援がほとんどありませんでしたので（返済義務のある奨学金だけでした）、スポンサーなしで博士課程進学はとても無理でした。2番目の理由として、修士課程での研究が一段落して「やりきった感」がありました。夜行トラックの運転手向けのラジオ番組に精通するほど、徹夜実験を定期的に繰り返して体力的に厳しかったし、成果もほどほどに出てジャーナルへの投稿論文を1本書き、このテーマはこのへんで終わりにしてもいいと思っていました。3番目の理由は、当時の日本はバブル経済の真っ只中で、研究資金が潤沢にある企業での研究がバラ色に見えたのです。生意気にも、「大学の貧乏研究室でシコシコ研究していても埒《らち》が明かないのではないか」と思ったのです（企業と大学の両方で研究を体験した現在から振り返ると、このときの考え方はまったく間違っていたと言えます）。4番目の理由は、前にも書きましたが、優秀な友達に比べて自分の能力が見劣りすると感じていましたので、博士課程に進んで博士号をとってアカデミックの世界で学者として生きていく自信が持てませんでした。ですので、ある意味、さっぱりと博士課程はあきらめ、むしろ企業への就職を前向きに考えていました。

当時は、修士2年の夏休みが今でいう就活期間で、私は6社8研究所を訪問しました。どこにいっても企業のすばらしい研究施設に圧倒されて、ますます企業に憧れて就職する気持ちが強まりました。企業とは真逆で、バブル期の大学は極めて貧しかったのです。そして、数ある企業の研究所の中から、㈱日立製作所のその年にちょうど新設された基礎研究所に就職しました。

経済的な事情は別にして、博士課程に進学するか修士で就職するか、何をもとに決断したらいいのか、いくつかアドバイスをします。人それぞれでしょうが、参考となるかもしれません。

学部４年生までは、大学院入試もあるし、勉強に忙しく、与えられた課題をこなすだけで精一杯で、自分の適性や将来をじっくり考えたり調べたりする時間がない学生が多いことでしょう。ですので、修士に入って落ち着いて自分のやりたいことを胸に手を当てて考えてみると、自分は本当に研究者になりたいのか、自分は研究者に向いているのか、あるいは他にやりたいことがあるのか、見えてくるかもしれません。

修士課程の最初の1年間で、自分のやりたいこと、自分の将来のイメージが見えてきたので、その方向に就職するという学生が多いと思います。私が専攻の就職係だったとき、学校推薦書を書いた学生の中に、物理学の理論を応用したゲームのアイディアをいくつも思いついたので、それを実現するためにゲーム会社に就職したい、という学生がいました。ゲーム会社の某社が空前の利益を上げている時期でした。あるいは、個別的な研究は修士課程だけで十分で、その経験を活かして、科学行政に携わりたいといって、文科省に就職した学生もいました。このように、**修**

士の最初の1年間は、自分に向き合う貴重な時間でもあるのです。

逆に、修士課程の最初の1年で、私の院生時代のように、ちょっとした成功を経験してしまうと、研究に魅力を感じて、そのまま博士課程に進学、というパターンも多いと思います。しかし、それはある意味で危険です。落ち着いてよく考えてください。

あるいは、とくにやりたいこともないし、修士1年の間にちょっとした研究成果が出て研究が面白くなってきたし、先生も勧めているので、博士課程に進んでもいいなという、あまり積極的でないパターンも多いと思います。

博士課程を修士課程の単なる延長と考えないでください。一人前の研究者の一歩手前である博士課程では、「職業としての研究」をやるんだ、という覚悟を持って主体的に研究を考える必要がありますので、ある程度の「勝算」を自分で作って進学してください。つまり、博士課程3年間で、「このような方向の研究を、このような切り口で切り込めば自分の独創性が出せるのではないか」という大まかな戦略を持って進学してください。そこが、修士と大きく違います。

このように博士課程と修士課程では、持つべき覚悟がまったく違います。

人間としての迫力——博士号をとることで得られるもの

一方、博士課程卒の捉え方が昔と今でずいぶん違ってきています。

博士課程に進学して首尾よく取得した「博士号」の学位ですが、私が学生だった30年前と現在とではずいぶんその意味合いが違ってきているようです。昔は、「末は博士か大臣か」という言葉もありますが、博士号をとれば、アカデミックの世界、つまり大学の教員となって学者になるものだという先入観が強かったと言えるでしょう。昔は博士号を取得する学生の数が少なかったので、その固定観念のようなものもあながち見当外れではなかったのです。

しかし、今では、毎年の博士号取得者の数が倍増していますので、博士号取得者の就職先は多様化しています。大学だけでなく、博士号の専門分野に関係なく、ＩＴ企業やコンサルタントなどさまざまな業種の企業や民間・国立研究所などに就職していきます。博士号取得のあと、「ポスドク（博士研究員、"postdoctoral researcher"の略）」として内外の研究機関で研究の実績を積む人も多くいます。博士課程進学→大学教員という図式は、現在では必ずしも当てはまりません。

逆に言えば、現在では博士号をとったあと、大学教員以外のさまざまな職業に就ける可能性が広がっていると言えるでしょう。とくに、論理的思考、情報収集能力、データ分析の訓練、未知なることへのチャレンジ精神、プレゼンテーション力とコミュニケーション力など、博士号取得のために体得した能力が、研究以外の職種でも大いに役立つということで、「引く手あまた」と言っていいかもしれません（人によりますが）。

民間企業は博士課程修了者の採用に消極的と言われますが、最近では違ってきているようです。私が学科・専攻の就職係をやっていたとき、会社の人事関係者からよく聞いた話は、「博士課程修了者でも、自分の専門にこだわらずに柔軟に新しいことにチャレンジする意欲のある人物ならどんどん採用したい」ということでした。博士課程修了者は、とかく自分の専門にこだわり、硬直した考え方、狭い了見しか持っていない人が多い、という話も何度も聞きました。博士号をとるための研究に没頭して、知らず知らずのうちに、いわゆる蛸壺的な思考になってしまう学生が多いという指摘は昔からあり、真摯に受け止めなければなりません。指導する私たち教授側の責任でもあるのでしょう。昨今は、博士課程の教育で、専門性とともに専門分野全体や社会との関わりを広く俯瞰《ふかん》できる力を持った学生を育てようというスローガンがよく言われます。企業から見た博士課程修了者のイメージチェンジを進めなければいけないと思っています。

私が学校推薦書を書いた学生の一人に、素粒子物理学の理論で博士号をとる予定だが、ある電機メーカーから内定がとれそうだ、その会社では新しい電子デバイスの開発研究をやりたい、と言ってきた博士課程の学生がいました。理論素粒子物理学から電子デバイスというかけ離れた分野にチャレンジするというので最初は驚きましたが、じっくり話をしてみると、非常に頭の柔軟な学生だとすぐにわかる話しぶりで、感心させられました。会社の人事課での面接でもきっと高く評価され、専門がまったく違うけれど彼の大きな可能性を高く買われたのだろうな、と感じさせる学生でした。最後はやはり人間としてのトータルな可能性が勝負なのでしょう。研究で身につけた専門知識やスキルは二の次で、**研究で身につけた総合的な「人間力」が買われる**のです。

ですので、現在では、30年前の私のように博士進学を怖がる必要はありません。博士号→大学教員という昔の固定観念に基づいた図式が崩れ、多様なキャリアパスが開けている現在では、博士課程進学の心理的な壁は低くなっていると言えます。

博士課程に進学して、一つのテーマで徹底的に研究を突き詰めてみるという体験が非常に貴重だという感想を、40、50歳代になってから、同窓会やいろいろな機会で聞きます（私は上述のように博士課程を経験していないので、ただ相槌を打つだけですが）。博士論文は、修士論文とレベルがまったく違い、真に新規な発見なり発明なりが要求されます。ですので、死に物狂いで研究し、最後の審査会でも、審査員の先生方から浴びせられる厳しい質問や批判に必死になって答え、自分の独創性を主張しなければなりません。そのような**「修羅場」をくぐった人は、くぐらなかった人と何かが違う**といいます。就職係だったときに会社の人からよく聞いた話ですが、**博士と修士では「人間としての迫力」が全然違う**といいます。独創性を要求される博士論文を仕上げるという非常に高いハードルを乗り越えた人は、やはり何かが違うというのは、私の研究室の学生たちをみてもうなずける感想です。

逆に、マイナス思考の学生もいます。つまり、博士号を取得しながら、大学の教員になれずに企業に就職するなんて、自分は負け犬だ、と考える学生もいるようです。そのようなマイナス思考の学生は、

「島津の田中耕一さんや日亜化学にいた中村修二さんのように、企業にいたってノーベル賞はとれるぞ」

と励ましましたが、はたして効果はあったのかどうかわかりません。博士修了の学生の頭が硬いという企業の人たちからの批判は、このようなマイナス思考の学生に当てはまるかもしれません。博士課程まで進学したので、ペーパー試験の成績は良い秀才なのでしょうが、「偏差値偏重」のような一元的な考え方になってしまう学生がときどきいるのは事実のようです。いろいろなことに対して多面的、複眼的な見方、広い視野、多様な価値観などを、高度な専門性と併せ持つ学生を育てるにはどうしたらいいのか、最近、さかんに議論されています。

別の観点の話ですが、修士課程の入試の準備のために、私の研究室に見学にやってきた学部4年生から質問されてショックだったことがあります。

「修士課程で就職する学生の指導はあまり真剣でなく、博士課程進学希望者しか丁寧に指導してくれない研究室が多いって、本当ですか?」

というものです。少なくとも私はそんな意識で学生を指導していませんし、そのような観点で学

生が研究室での指導を見ているとは知りませんでした。確かに、それぞれの新入生の研究テーマを決めるときに、修士課程で就職する予定だという学生には、2年間の修士課程とはいえ、研究の「起承転結」、つまり、テーマの設定や試行錯誤、そして成果の発表までを経験して卒業してもらいたいと思っています。このため、修士論文の研究としてある程度まとまる研究テーマを設定するように暗に配慮していることは事実です。反対に、博士課程進学希望者には、少し時間のかかるチャレンジングな研究テーマにじっくりと取り組んでもらう場合もあります。

しかし、そのような配慮は、丁寧な指導かそうでないかという意味ではありません。また、研究テーマ自体もやってみたら予想に反して時間がかかってしまい、修士論文は途中経過報告的な形になってしまったり、反対に、難しいと思っていたテーマで案外すんなり成果が出てしまったりという場合もあります。ですので、上述の区別はあまり思惑通りにいかないというのが私のこれまでの経験です。博士課程進学希望者と修士後就職希望者で指導の仕方が違うように見えるのは、上記の「教育的」配慮からだと考えるべきです。

今まで20年近く研究室を開いて運営していると、いろいろな学生に出会います。修士課程後の就職先が内定すると、そのあと修士修了までの研究態度が学生によってずいぶん違い、大きく二つに分かれるようです。内定した就職先が、現在自分がやっている研究や物理学とはまったく関係ない、たとえば銀行とか証券会社などの場合、就職内定後、その研究に対してほとんど興味を失い、結局、いい加減な形で、いわゆる「お茶を濁す」的な修士論文をまとめて卒業していく学生と、それとは反対に、文転就職が決まったあと、これから先一生、実験研究などやることはないので、良い記念になる立派な修士論文を残していきたいと逆に「研究に燃える」タイプの学生に分かれます。人それぞれの価値観ですので、いずれのタイプでもいいのではないでしょうか。

ある学生は、2000万円もする走査トンネル顕微鏡という装置をほとんど独り占めして修士課程2年間を実験漬けで過ごし、修士論文はもちろん、第一著者として3本もの英語の論文を在学中に書き上げました。追い出しコンパ（追いコン）で、

「2000万円のベンツを2年間乗り回していた気分だった。とっても得した」

と言って卒業していきました。数年後、別の修士卒業の学生は、

「○×大学で4年生のときにやった卒業研究では徹夜徹夜の連続だったけど、長谷川研での修士論文の研究は、それに比べればずっと楽だった。こんなに楽に修士の学位がとれるなんて、とっても得した」

と追いコンのときに言って卒業していきました。もちろん、こちらの学生は投稿論文になる成果は何もありません。はからずも、上記2名の学生が「とっても得した」という同じ言葉を正反対の意味で使ったので、（卒業年度は違いますが）非常に印象に残っています。大学院の学生といっても24〜25歳ぐらいになっていますので、立派な大人です。大学院は義務教育ではありませんし、

人それぞれの考え方で2年間を過ごしていいと思います。いずれにしても長谷川研究室に2年間在籍して、「とっても得した」と思って卒業してくれていますので、悪くはないでしょう。

上述のように、私の研究室の修士課程の院生の何人かは、修士論文としては非常に良い研究を成し遂げ、英文の学術ジャーナルに投稿する論文も書いて就職していきます。もう一踏ん張りすると博士論文にもなりそうだ、というレベルの高い修士論文を仕上げていく学生も少なくありません。そんな優秀な学生は、就職して何年か経って研究室に遊びに来ると、会社である程度の責任ある仕事を任されている話を聞きます。修士2年間とはいえ、**研究のできる学生は、会社でも仕事のできる人間になっています**。

博士号とは——免許皆伝、プロへの船出

博士号には「課程博士」と「論文博士」の2種類があります。

博士課程に在学して研究を重ね、その成果を博士論文にまとめ、審査会での審査員たちの批判をはねのけて自分の独創性を認めてもらうと、めでたく博士の学位が授与されます。このパターンで取得した学位を「課程博士」といいます。

博士課程は、修士課程のあと3年で修了することが標準です。しかし、先に述べたように、博

士論文では、真に新規な発見や発明が求められます。世界でまだ誰も発見・発明していないことを実際にやってみせないといけません。他の研究者の二番煎じではダメなのです。ですので、そんなレベルの高い成果を3年という限られた期間で出せるとは限りません。学生も力の限り頑張り、教授や研究室のスタッフも可能な限りサポートしたとしても、規定の3年で修了することは至難の業です。現実問題として、当初考えていた成果を期間内で100%出せることはまずありません。

そのとき、どこまで到達点を下げるかが問題です。「これ以上到達点を下げたら博士論文としては合格できない」といううぎりぎりのレベルで、なんとか博士論文をまとめるしかありません。剣道や柔道で言えば、「一本!」ときれいに技が決まればいいですが、多くの場合、小手のような小技や寝技の「有効」をいくつか組み合わせて、なんとか「合わせ技」で合格させてもらうようなものです。ですので、博士号を取るために必要となる戦略性、柔軟な戦術の変更、着地点をイメージする計画性、残された時間を見ながらの現実的な対応力などを3年間で学ぶわけです。

実は、研究内容もさることながら、修羅場を乗り切るためのこのような「人間力」のようなものが博士課程での最も重要な収穫だと言えます。ですので、生半可な気持ちで博士課程に進学すると、この厳しさに耐えられないかもしれません。健康を害する学生もいるほどなので、かなりの覚悟をもって進学してください。前に、博士課程への進学の壁は昔に比べれば低くなったと書きましたが、博士号を取るときの壁は昔と変わらず高いものです。

私の場合、先に書いたように、修士課程で卒業して企業に就職しましたので、その場合には、「論文博士」という形で博士の学位を取得できます。会社の研究所でやってきた研究に独創性が十分あるのなら、それを博士論文にまとめて大学に審査を申請し（もちろん有料）、審査会での厳しい審査に合格すれば同じように博士の学位が取得できます。課程博士も論文博士も同じ博士号であり、当該専門分野でのプロの研究者としての免許皆伝という意味があります。しかし、論文博士の場合には3年間とかの期間の限定がありませんので、課程博士のような一種の修羅場はほとんど経験しません。それが良いことなのかどうかは別問題ですが。

と言っても、**博士号を取ったからといって「食える」ことは保証されません。**よく自虐的に言う都々《どど》逸《いつ》、「博士号は足の裏についたご飯粒、取っても食えないし、取らないと気持ち悪い」は少し誇張されていますが、**博士号は研究者コミュニティの中で独立した研究者として生きていく運転免許証のようなもの**ですので、それを使って職を得て研究者としてキャリアアップしていく必要最低限の資格です。

とくに、海外に研究員として留学するときには博士号は必須です。２０１４年のノーベル物理学賞を受賞した中村修二博士は、日亜化学工業㈱に在籍中に米国に留学したそうですが、そのときには博士号を持っていなかったので、研究員としての扱いをほとんど受けず、研究補助者としての仕事をさせられたそうです。海外では、博士号（米国などではＰｈＤといいます）は、日本ほどには取るのが難しいものという認識はあまりないようです。博士号を持っていなければ、どんなにすばらしい能力があっても研究者としては一人前扱いされません。

「研究者への助走」と題する本章を、博士号取得の話で終えるのは、博士号はプロの研究者としてのスタートを意味するからです。それぞれの研究者が真の実力を問われるのは、博士号取得以後なのです。博士論文は多かれ少なかれ、あくまで指導教員の教授や助教らの影響下でやった仕事です。もちろん、博士論文で独創性の高いすばらしい研究成果を上げた人も多いでしょうし、歴史上、博士課程の学生時代の研究業績で教授と一緒にノーベル賞を受賞した人もいます。しかし、博士号を取って、いろいろな意味で「一枚看板」として独立してからの活躍こそ、研究者としてのキャリアアップには決定的に重要です。

学位取得後、博士課程時代の研究をさらに拡張して発展させていく人もいますし、逆に、所属していた研究室のしがらみから抜け出して違った分野で新境地を開く研究者もいます。大海原に漕ぎ出した一艘《そう》の小舟が、次第に「大船」に成長していく様子を元指導教員の教授は遠くから見守っているのです。

第3章

研究成果の発表

うまくやっていく技術編

学会発表――10分間のドラマ

研究が進展して、ある程度成果がまとまってきたら、国内の学会で成果を発表するチャンスが巡ってくるでしょう。だいたい半年に1回は自分の専門分野の学会が開催されますので、逆に毎回学会発表することを目標に研究を進めると、研究にリズムとメリハリが出て良いでしょう。

学会に出席すると自分の研究テーマに関連する他のグループからの研究発表をたくさん聞くことができ、大変刺激になります。しかし、自分自身で研究発表せずに聴講だけの学会出席では、正直、何か物足りなさを感じますし、ライバル研究者がずいぶん進んだ研究成果を発表していると焦りも感じるはずです。ですので、大学院生やポスドク（博士研究員）などの若手研究者は、毎回学会発表できるよう、日頃の研究を着実に進めることが大事です。複数回の学会発表をつなげると、修士論文や博士論文の骨格にもなりますので、学会発表を有効活用してください。

学会発表の申し込み締め切りは普通、学会開催の3、4ヵ月前です。そのときまでに新しい成果が出ていれば、何のためらいもなく学会に申し込むべきです。もちろん教授やスタッフなど共同研究者と事前に相談して、です。ときには、ライバル研究者に成果を開示したくないとか、論文の投稿まで成果を学会発表せずに隠し持つという場合もあるかもしれません。学会発表によってライバル研究者にアイディアを先取りされてしまうのではないかという心配はわかりますが、私は、あまり、そのようなことは推奨しません。**ちょっとしたことで先を越されるような研究はいずれにしても大した研究ではありません**ので、どんどん発表しましょう。

また、『理系のための研究ルールガイド』（坪田一男著）にも、「研究内容を守りすぎてしまっている人のほうがうまくいっていないように見える」「ギブアンドテイクで、自分が出すからこそ相手からも良い情報を引き出せる」「情報をたくさん出している研究者は、きっとそれだけ多くの情報を得ている」とあり、私も同感です。**学会は論文として未発表の情報を交換する場**のはずで、その機能を活かすも殺すも研究者次第です。

企業や他のグループとの共同研究などの場合には事情が少し違います。秘密保持はお互いの了解のもとに誠実に対応すべきことです。特許が絡んでくる場合もありますので、成果を発表するときには関係者の了解を事前にとる必要があります（学会発表後6ヵ月以内に特許申請すれば問題ありません）。ですので、逆に、自分や自分の教授の側で成果公開に関する主導権を握れない共同研究は、その共同研究をやること自体あまり勧められません。せっかく研究して成果が出たのに発表できないのでは、自分の成果になりません。ヘタをすると修士論文や博士論文にもその成果を書けないなどという状況もありえますので、**事前に成果発表に関する取り決めを自分の教授や共同**

研究者に確認してください。

ＳＴＡＰ細胞事件のときによく言われたことは、従来は、論文発表の前に学会発表して、研究者コミュニティの中で「揉まれて」から論文にまとめるという手順が普通でした。新しい発見をしたら、まず学会発表して、その道の専門家たちの意見をいろいろ聞いて、必要なら追加実験をしたり論点を組み立て直したりしてから論文にまとめるのが普通だったのです。だから、どう考えてもおかしいというような結果は学会発表の段階で揉まれて消えていくはずだったのです。しかし、最近では、上記の特許の問題や研究者間での競争の激化のために、その手順が逆転しているのが問題だと多くの研究者が指摘しています。現在では、学会講演の多くがすでに論文になっている成果で、新しい情報がほとんど得られないという場合も少なくありません。論文発表前の学会での事前チェック的機能が次第に弱まっているのは、憂慮すべきことです。

これらの風潮の遠因としては、結局、競争的研究資金の獲得競争や研究者間の競争の激化、論文の被引用数などを使った研究者に対する過剰な評価、研究と利益が直結する傾向などが挙げられるでしょう。流行りの研究テーマをやるとインパクトファクター（文献引用影響率、後述）の高いジャーナルに論文が掲載されやすいので、それに飛びつく研究者が多くなり、その結果、みんな同じような研究内容を考えるようになった、そのために、研究者どうしが過剰な秘密主義や猜《さい》疑《ぎ》心にとらわれる傾向が出てきているようだ、というのが私の分析です。研究者コミュニティ全体が、被引用数とインパクトファクターにとらわれすぎているような気がします。

前掲書と同じ著者が、別の本『理系のための研究生活ガイド（第2版）』（坪田一男著）では、学会発表までに原著論文の原稿を書いておくことを勧めています。あくまで**原稿をほぼ完成させるが、投稿はしない状態で学会発表に臨む**のが良いと言います。**原稿を書くことが学会発表の事前準備にもなります**ので一石二鳥で効率が良いというだけでなく、学会で発表をしたとき、自分が見落としていた観点の質問をされたら、その議論を論文原稿に取り入れて原稿をブラッシュアップできるからです。この行為は別に不正でもなんでもありません。学会で浮上した問題点を修正してから、学会後に最終稿を完成させて投稿すれば非常に効率が良いと言います。このやり方には私も同意します。とにかく学会を実りある議論の場として活用することが重要です。**学会はすでに出版した論文の内容を報告する形式的なセレモニーではありません。**

学会発表に関してよくある別の問題は、「見込み発車」的な学会発表申し込みです。申し込み締め切り日までに新しい成果がまだ出ていないが、間もなく出そうだ、出ることは間違いない、という期待のもとで学会発表を申し込む場合もあります。もちろん、見込んでいた新しい研究成果が出ない場合も私は過去に何回か経験していますので、この「見込み発車」申し込みはリスキーで、あまり学生には勧められません。

しかし、この「見込み発車」をすることで、自分自身にプレッシャーをかけて研究を頑張る原動力とし、最終的に良い成果につなげる学生も、私はたくさん見てきています。3、4ヵ月先の学会発表という短期的で明確な目標があると、長い大学院での研究生活の活性度を維持するのに役立つかもしれません。「見込み発車」申し込みは、原則、学生自身が自主的に言い出す場合のみに限っています。「先生、必ず結果が出ますので、申し込ませてください」と学生が言ってくれば、ほぼ了承します。基本的に、国内外を問わず、チャンスがあれば果敢に学会発表にチャレンジすることを勧めます。もちろん、学会参加費や旅費の補助が出るのかどうかは前もって教授やグループリーダーに相談して確認しておいてください。

もう一つ、学会発表の隠れた意義があります。それは教授側からの目線です。学会の講演会は、いってみれば「研究者オーディション」、「研究者スカウト」の場です。自分の研究室の助教やポスドクなどのスタッフが、そろそろ他の大学などに栄転する可能性がでてくると、教授は1、2年ぐらい前から、後任になりうる「めぼしい」大学院生を見つけるために他のグループからの学会発表をそのような目で見ます。自分の研究に関連する分野で良い発表をしている大学院生やポスドクを見つけ出し、ある程度の期間、継続的に観察します。良さそうな大学院生がいると、彼・彼女が博士課程を修了する時期を指導教員に確認したりして、いろいろ裏で動きます。ですので、学生や若手研究者は、**学会発表はコミュニティの中で自分の存在をアピールする場であり、「研究者としての就活」の重要なチャンスだ**、という認識を頭の片隅に入れておくといいでしょう。学会で継続的に良い研究発表をしていれば、「あの学生、なかなかいいね」と必ずどこかの教授の目にとまります。

学会発表の練習はグループミーティングなどで行う研究室が多いと思います。もちろん、その前にストップウオッチ片手に自分一人で練習してください。**学会講演で与えられる標準的な時間は10分間**、長くても15分間です。短い時間ですので、発表内容を精査して要領よく話す必要があります。優れた講演は10分とは思えないほど充実した内容になっています。よく歌謡曲や演歌は3分間のドラマと言われますが、**すばらしい学会講演は10分間のドラマ**といえるほど聴衆の心をつかみます。

講演のストーリーの流れは「起承転結」というパターンがだいたい決まっていますので、その流れに沿って話を組み立てます。

起　研究の背景、自分の研究の着眼点と目的
承　研究手法と結果
転　先行研究や別の観点からの比較検討など
結　最初に述べた目的に見合った結論

10分講演ではこの形式がほとんど必ず守られます。ですので、自分自身の**オリジナリティは形式ではなく内容で発揮**してください。教授レベルがときどきやる30分程度の長い招待講演などでは少し違った形式の講演になりますが、10分講演では、「守破離」の「守」に徹します。

あまり良くない発表の例を挙げると、

・最初に述べた目的と最後の結論が嚙み合っていない発表
・そもそも目的を言わない発表（所属研究室で今までやってきた研究の流れで、追加的な研究をしましたという説明だけだったりする）
・研究の背景の説明がないので当該研究の意義が伝わらない発表
・「転」で行うさまざまな角度からの議論なしに結論に飛びつく発表

などがあります。自分の発表が上記のどれかに当てはまっていないかチェックしてください。

生まれて初めて学会発表するときには、台本を書くことを勧めます。台本を書くことで、必要最小限のことを言っているか、重要なポイントを言い忘れていないか、重要でないことの説明に時間を無駄に費やしていないか、などを確認できます。そして、**台本をゆっくり声に出して読んで10分間に収まるかどうか自分でチェック**し、必要なら何度も修正します。最終的には、台本の一語一句をすべて覚えることはせず、各スライドで話すべき内容を覚えてください。グループミーティングで先生の前でやるリハーサルでは、メモを見ながら話しても構いませんが、本番ではメモや台本を見ながら講演するのはＮＧです。ですので、各スライドに、言い落としてはいけない重要なポイントを箇条書きで書き込んでおくと便利です。それを頼りに話せば、自然な流れでほぼ台本通りになります。その箇条書きは、聴衆が要点をメモするのにも役立ちます。

学会発表の指南本がたくさん出ていますので、1冊ぐらいは買って勉強することを勧めます。一生役立つテクニックを最初から身につけてください。また、グループミーティングでのリハーサルで、他の学生の発表練習をよく見ることも貴重な勉強になります。他の学生の発表に対して教授がどんな「ダメ出し」をしているのか、他人事ではなく自分への指摘として捉えてください。よく研究室でリハーサルしていると、別々の学生に同じ注意を何度もすることになり、「前の学生がなんと言われたのか、君は聞いていなかったのか⁉」と熱くなることがままあります。

良いプレゼン、悪いプレゼン——良いプレゼンは「お客様本位」で

研究内容はさておき、良いプレゼンと悪いプレゼンの違いはどこにあるかというと、「情熱的かどうか」という一点につきます。「情熱的」といっても、感情をむき出しにして大声を出して

大げさな身振り手振りで講演しなさいと言っているわけではありません（でも、その要素はゼロではありませんが）。**聴衆にわかってほしい、という気持ちがプレゼンに表れていることが最も重要だということで、プレゼンの細かなテクニックは二の次です。**

良いプレゼン、つまり、情熱的なプレゼンは、聴衆にちゃんと向かい合って聴衆に語りかけています。向かい合ってといっても、スクリーンを向いて喋らず聴衆のほうを向いて喋りなさい、という物理的な意味だけではありません（この意味でも重要です。聴衆のほうを向いてさえいない悪いプレゼンもよく見かけますので）。もっとメンタルな意味で言っています。それは、聴衆が自分のプレゼンに何を期待しているのかを意識したプレゼンになっているということです。そのような**「お客様本位」のプレゼンなら、自然と聴衆に向かい合っているプレゼンになります**し、自然と熱い語り口になるでしょう。その流れに乗せて自分が言いたいことを言っているプレゼンがすばらしいと言われるものになります。「お客様本位」と言いつつ、結局は自分の売りたい物を売りつけるという優秀なセールスマンのようなテクニックが、実はプレゼンでも必要なのです。

会社経営のバイブルと言われる『マネジメント』（ピーター・F・ドラッカー著）には、

「『我々は何を売りたいか』ではなく、『顧客は何を買いたいか』を問う」

とありますが、プレゼンでも同じように、聴衆が講演者に何を期待しているのかをまず考えて準備すれば、必ず評判のいいプレゼンになります。その上に乗って自分が言いたいことを伝えていくことがポイントです。大学院生に限らず若手研究者は、まず「自分が何を喋るか」「研究成果のうち何をどう説明するか」ということを最初に考えてしまい、まさに「自分本位」のプレゼンになってしまいがちですが、それは間違いです。

ですので、まずはじめに考えなければならないのが聴衆の種類です。聴衆の知識と関心がどうなのかを考えてください。同じ研究成果の発表であっても、聴衆が、

(a)　同じ専門分野の研究者たち
(b)　専門が少しずつ違ったいろいろな分野の研究者たち
(c)　まったくの素人《しろうと》の一般市民や中学生・高校生たち

のうちのどれかによって、プレゼンの内容とやり方がまったく違うのは想像できるでしょう。

大学院生による学会発表はタイプ(a)のプレゼンになり、これはある意味で一番簡単です。聴衆の知識レベルが自分の知識レベルとほとんど一致し、しかも聴衆の知りたいことが自分の言いたいこととほとんど一致するからです。知識レベルも関心も聴衆とほとんど同じだと、少しぐらい説明不足でも聴衆は「行間を補って」理解してくれます。

一方、大学院生でも(c)のタイプのプレゼンをする場合もあるでしょう、最近ではアウトリーチ

活動（研究成果の一般向け公開活動）が大学院生にも浸透して、出身高校などに出向いて「出前授業」をやるという活動をよく耳にします。(c)の場合には、自分の研究の詳細などを話すより、その分野の概略や意義、面白さなどに重点を置いたプレゼンにならざるをえませんので、かえってのびのびと面白おかしく話すことができるかもしれません。

一番難しいのが(b)のタイプのプレゼンです。また、これは研究者としてのキャリアアップに関わる重要な場面でのプレゼンになることが多いパターンです。大学院生が助教や研究員のポストにアプライ（応募）して就活するとき、あるいは、助教や研究員が准教授など、その上のポジションにステップアップするときなどには、数人から20人ぐらいの審査員の前でプレゼンをします。この場合は、(b)のタイプのプレゼンが要求される場合がほとんどです。あるいは、研究費をとるために審査委員会に呼ばれてやる、「ヒアリング」と呼ばれるプレゼンも(b)のタイプです。

そのようなときの審査員は、自分の専門分野から少し外れた分野の研究者であることがほとんどです。そのため、聴衆の前提知識のレベルを少し下げて、しかし、全体のレベルを下げずに、要領よくコンパクトにまとめたプレゼンが高い評価を受けます。専門の異なる研究者には、研究成果を細かな数値や式、顕微鏡写真などのデータで示しても、その重要性が伝わりにくいので、むしろ成果の内容ではなく、成果の位置づけと意義を、根本まで立ち戻って順序よく説明するのです。専門分野が多少違って前提知識が少なくても、聴衆の一人一人はそれぞれ自分自身の深い専門性を持つ研究者なので、筋道を立ててちゃんと話せば、講演者の研究の面白さや重要性はしっかり理解できるものです。

程度の差はありますが、前述のように、プレゼンは、研究者としての「生死」を分ける最重要事項と言っていいほどです。それは研究者としてのキャリアのどの段階においても言えることです。もちろん、すばらしい研究成果を出して論文を書くことが前提ですが、たとえ、すばらしい論文を書いていたとしても、いろいろな場面でのプレゼンによって研究者としての評価が違ってくることが多いものです。それは、**論文の評価は同じ専門分野の研究者にしかできませんが、プレゼンの評価は違った分野の研究者にもできるから**です。そして、それはその研究者のトータルとしての評価に直結します。研究者コミュニティの中でそれなりの存在感を出すには、論文と学会発表のプレゼンがセットになります。**国内学会や国際会議で印象に残るプレゼンをすることは、研究者としてのステップアップに決定的に重要**です。

研究室のグループミーティングや国内学会、国際会議などで、他の研究者による研究発表をたくさん聞く機会があるはずです。そのとき、研究成果の内容だけでなく、良いプレゼンか悪いプレゼンか、自分自身で密かに評価してみてください。そして、それぞれのプレゼンの良い点と悪い点をはっきりメモして、自分のプレゼンのために活かしてください（メモの内容を講演者に言う必要はありません）。そうすれば、あっという間に先輩よりうまいプレゼンができるようになります。うまいプレゼンばかりを見ていてはあまり勉強になりません。下手なプレゼンこそ勉強になり、自分のプレゼンを改善するのに役立ちます。ですので、前にも述べましたが、研究室での学会発表練習のときには、他の院生や先輩、後輩のプレゼンをよく見ておき、先生にどこを注意され、どこを褒められているのか、よく観察してください。

ある国際会議で基調講演を聞いていたときのことです。ちょうど客席で隣り合わせに座っていた知人の大学教授が講演を聞きながら「正」の字をアブストラクトブックの隅に書いているのが目に入りました。小声で「何をしているんですか」とその先生に聞いてみたら、「スライドの枚数を数えているんだよ」と小声で答えてくれました。講演が終わったとき、その先生は、「35分間の講演で32枚のスライドを使った。少し多いけど、まあ、お手本と言っていいだろう」と言って席を立っていきました。私は、基調講演をそのような視点で見ていたのか、とびっくりしました。科学的な内容だけでなく、プレゼン自体の研究に基調講演を利用するという楽しみ方をそこで学びました。今では、学会の一般講演で学問的に興味のない講演の聞き方としてこの方法を利用しています。

もう一つプレゼンに関して忠告しておきたいのは、「立ち位置」です。会場の構造が許せば、**右利きの人はスクリーンに向かって右側に立ち、左利きの人は左側に立ちましょう**。この原則は、NHKテレビの天気情報の解説者の立ち位置を見ればわかります。講演中に、スクリーンに映されている画像の中の注目してほしい箇所をレーザーポインターや指し棒で示すことがありますが、利き腕で指し棒などを持つでしょう。そのとき、上記と逆の位置に立っていると、利き腕が胸の前をクロスして、聴衆に背中を向けてしまう場合が多くなります。講演者はなるべく聴衆のほうを向き、聴衆の顔を見ながら話をしなければなりませんので、そのような体勢は良くありません。右利きの人が右腕に指し棒を持ってスクリーンの右側に立てば、スクリーンの箇所を指すときに「胸が開く」体勢になります。

実は、この「胸が開く」形が重要です。**プレゼンで「胸が開く」と、聴衆に向かっている、聴衆を受け入れているという暗黙のサインになって、印象が良くなる**ということが心理学的に知られているそうです。反対に、胸が開いていないどころかスクリーンのほうばかりを見て講演している研究者も多く見かけますが、その体勢では、暗黙のうちに聴衆に対して疎外感、拒絶感を与えていることになっています。よほど興味のある講演でない限り、講演者が聴衆に背中を向けていると、聴衆はその講演に「入っていけない」のです。多くの聴衆はその場合、「この講演、早く終わってくれないかな」としか考えません。

ですので、上記の正しい「立ち位置」を頭の片隅に置いて講演してください。興味のない聴衆でも、面と向かって顔を見ながら話されると思わず聞き入ってしまうものです。会場によっては、正しい「立ち位置」に立つことがステージ上の配置により不可能な場合がありますが、そのときにも、なるべく「胸を開く」体勢で講演してください。最近では、プレゼンファイルの制御とレーザーポインター機能が一体となったワイヤレスデバイスも売られています。それをPCに接続して、ステージ上の演台に置かれたPCの位置にかかわらず、ステージ上を歩き回って自分のやりやすい「立ち位置」でプレゼンできますので、お勧めです（少し高価ですが）。

ついでに一言。**レーザーポインターをスクリーン上でぐるぐる振り回す講演者をときどき見かけますが、あれはダメです。**レーザーポインターは振り回さずに注目させたい箇所だけを指してそこに3秒間停めてください。そうすると落ち着いた重厚感のあるプレゼンになります。レーザーポインターを振り回されると聴衆の集中力が削《そ》がれ、だんだんイライラしてきます。

プレゼン後の質疑応答——ボロが出る！

10分間の講演が終わると、5分間程度の質疑応答の時間が設けられているのが普通です。その講演に関する質問やコメントを聴衆から出してもらい、講演者がそれに答えます。この質疑応答で講演者の実力がはっきりします。講演自体は先生と一緒になって、かなり「作り込んだ」立派なものであっても、講演者が質問にちゃんと答えられないと「ボロが出る」ことになります。

悪い質疑応答の例としてよく見かけるのが、質問者の質問を途中で遮って質問内容をよく聞かずに答え始める講演者です。聞きたいのはそんなことじゃないんだよ、と聴衆の他の人でさえわかるようなトンチンカンな答えを一生懸命喋っている講演者が少なからずいます。質問は最後まで聞いてから答えるようにしましょう。

質問を最後まで聞いてはいるのですが、質問の意図からずれたことを答えている講演者も多く見かけます。質問者の立場に立っていないので、質問の意味を汲《く》み取れないのです。このパターンで最も多いのが、質問が講演者にとって思いもよらないほど初歩的な内容を質問している場合です。まさかそんな簡単な質問が出るとは夢想だにしていなかったので、質問の意図を理解できずに終わることがままあります。講演者は、自分の研究内容を毎日深く考えていますが、聴衆の中には今日初めて聞く内容だという人も多いはずです。その場合、聴衆からは極めてナイーブで基本的な質問が出てくることがありますので、注意しましょう。自分自身が他の研究者のプレゼンを聞くときのことを想像できれば、このことはすぐに理解できるはずです。他の研究者の発表内容を初めて聞いたときには、初歩的なことを質問して確認したくなるものです。

そのような、ある意味で素人的で素朴な質問は別の意味を持つことがあり、実は答えるのが最も難しい質問だったりします。「なぜそんな研究をしているのですか」といきなり聞かれると、一瞬ひるんでしまいます。自分の発表の冒頭の「起」の部分で、本研究の背景と意義を説明したはずなのに、なぜこのような質問をするのか、と瞬時にあれこれ考えてしまいます。どのレベルでの答えを求めているのか、従前の研究の流れに乗ってやった本研究の動機をもう一度説明すればいいのか、それともその研究の流れ自体の意義を根本から説明すべきなのか、と。

このような質問は中高生に対する一般的な講演のときにもよく出ます。質問した中高生自身は深い意味など考えずに、感じたことをそのまま質問しただけでしょうが、そのような極めて素朴な質問に対する答えを考え始めると、研究者にとって、実は深い意味を持っている場合もありますので、侮《あなど》るべからず、です。

学会発表の質疑応答では、よくわかっている専門家による、的を射た質問、まさに痛いところをついた質問がよく出ます。そのようなとき、質問者はおそらく講演者より経験豊富なベテラン研究者に違いありません。ですので、まともに答えずにはぐらかそうとしても無駄でしょう。見破られてしまうのがオチです。「ご指摘ありがとうございます。その点は我々も気にしているところですが、はっきりしたことはまだ言えません。現在検討中です」、といった誠実な答えのほうがよほど好感度は上がります。質疑応答こそ、講演者の人柄が出ますので要注意です。

一番困るのが、質問に答えられなくて黙り込んでしまう講演者です。**質疑応答は口述試験ではないので、わからなければわからないで構わない**のですが、黙り込むのは最悪です。5秒間考えてわからなければ、「その点は検討していませんでした。今後、その観点から再検討してみたいと思います。ご指摘ありがとうございました」と率直に言うと非常に印象が良くなります。

黙り込んでしまう理由として、質問の意味がわからないという場合も多いようです。そのときには、「質問の意味がわかりませんので、もう一度わかりやすく言ってください」と聞き返すことは反則ではありませんので、どしどし使いましょう。国際会議でも英語がよくわからない質問がよく出ますが、そのために“Pardon?”とか“Could you say it again?”という言葉が飛び交う場面をしょっちゅう見ます。国内会議でも国際会議でも聞き返していいのです。そして、どうしても質問の意味がわからないときには、座長にその質問の意味を説明してくれるよう要求してください。座長が別な表現で言ってくれるはずです。しかし、座長も質問の意味が理解できていない場合には、質問者に対して「休憩時間にゆっくり議論しましょう」と言って降壇《こうだん》します。その後、休憩時間に本当に議論するかどうかは質問者の熱意次第です。

学会や研究会によっては、大学院生による優れた発表を選んで「講演奨励賞」のような名前で表彰する場合もあります。そのときのポイントとして、発表それ自体だけでなく質疑応答が重要なウエイトを占めることを認識してください。賞の候補者となっている場合には、聴衆に紛れ込んでいる審査員らしき人から、講演者に対してさまざまな角度からの質問が出てきます。

・この研究のきっかけになったアイディアは先生から出たのか、それとも本人のものか、本人の独創性はどこか

・この研究は、本人が全部やったのか、それとも、ある部分だけを担当したのか、後者であれば、どの部分か
・この研究をさらに発展させるとするとどんな可能性があるか
・この研究に関する基礎事項を理解しているか

などの質問を講演者は受けます。多くの研究はグループでやっていますが、講演奨励賞の場合、グループ全体を表彰するわけではありませんので、審査員側は、この研究成果に対する発表者本人の理解度と寄与をなんとか聞き出そうとするわけです。その意味でも質疑応答は重要です。賞をとりにいくときには、前もって、予想される「想定問答」を可能な限り多く考えておくといいでしょう。

このような講演奨励賞を受賞すると、履歴書や研究業績リストにその事実を書けますので、キャリアアップや予算申請書でものをいいます。たとえ、その発表をした学会や研究会がどんなに小さなもので、競争率が低かったとしても、**賞は賞です。何も受賞していない人よりほんの少し優位に立てます。**「今回の学会発表は自分としては自信作だぞ」と思ったら、積極的に講演奨励賞に応募しましょう。

ポスター発表――逆に情報収集を

学会発表では、10分間の口頭発表の他にポスター発表という形式もあります。Ａ０判の模造紙大のポスターに、口頭発表と同じような「起承転結」の情報をまとめ、その前に立って、三々五々、次々とやって来る「観客」に対して研究成果を説明します。体育館のような広いポスターセッション会場で同じ時間帯にたくさんのポスターが展示・説明されていますので、観客は一つのポスターだけに長時間費やすことはできません。ですので、まず3、４分程度で研究の概略をざっと説明することが求められます。

ポスター発表の説明では、どのような研究をやったか、どのような結果が得られ、結論は何かだけを説明しましょう。研究の背景や、先行研究との比較検討などは、ポスターに書いてあっても最初の説明ではとりあえず省きます。途中で観客が質問してきた場合には詳細な説明が始まりますので、多少時間は延びますが、それに答えながら要領よく説明するのがポイントです。観客の興味に応じて詳細な説明を要求されたり、深い議論をしたりする場合もありますので、相手によって自由に説明時間や説明する詳細度を変えることができるのがポスター発表の特徴です。

近いテーマの研究をやっていたり、同じ興味を持つ研究者が「観客」としてやってきたりすると、かなり突っ込んだ議論になり、逆に「観客」の経験なども聞けて、有意義な情報交換になる場合もあります。発表者側も得るものが多いというのがポスター発表の大きなメリットです。しかも、ポスターセッションの時間は最低でも1、2時間はありますので、発表者とその「観客」が意気投合すると、長時間にわたって有意義な議論ができます。2002年にノーベル化学賞を受賞した田中耕一博士は、このポスター発表が大好きなことで有名で、「観客」と一対一でいろいろ情報交換したり議論したりできるのが楽しいと言っていました。これに対して、口頭発表はその会場にいる数十名から100名以上の聴衆にいっぺんに自分の研究成果を伝えることができるという、ポスター発表とは違った特徴を持っていますが、時間の制約上、深い議論はできません。口頭発表とポスター発表、両者をバランスよく使い分けるといいでしょう。

一般に**ポスター発表は口頭発表より気軽に申し込みができ、緊張の度合いも低い**と思いますので、**初心者はポスター発表から経験するのがいい**かもしれません。また、初心者でなくとも、自分が今までに経験したことと違う新しいテーマでの研究成果を初めて発表するときなどでは少し不安がありますので、ポスター発表がお勧めです。その分野でのベテラン研究者がポスターの前に来て、いろいろアドバイスを与えてくれると大変ありがたいものです（ただし、ポジティブで有益なアドバイスのときもあれば、ネガティブで批判的なコメントのときもあります）。

論文発表――研究者の最大の義務

研究は、成果を論文として発表し、ジャーナル（論文誌）に載せることで完結します。たとえ研究のために作った独創的な実験装置や計算プログラムなどに思い入れがあって自慢したいと思っても、そこから得た成果を**論文にまとめて発表しなければ、その装置も計算プログラムも意味はなく、研究をやったことにはなりません**。最終的に科学の歴史に残るのは論文だけです。私の指導教員だった井野教授は、学術ジャーナルに発表された自分の論文の別刷《べつずり》というコピーを何人もの関連研究者たちに郵送して初めて研究が完結すると言っていました。インターネットが発達した現在では、そこまでやる必要はないかもしれませんが、とにかく、論文として研究成果を発表・公開するまで研究は完結しないと考えてください。

私の研究室の卒業生が出した研究成果の中には、良い修士論文や博士論文を書いていながら、会社などに就職してしまったあと、その成果に関心がなくなってしまい、学術ジャーナルの論文にしないでそのまま放置されているものがいくつかあります。それらは、まさに闇に葬られた成果です。税金で研究させてもらっていますので、公表する価値のある成果は必ず論文として発表して歴史に残すべきです。そうしないと、また他の研究者が同じ研究をしてしまうという無駄が出ます。**研究成果を論文として公表するのは研究者の最も基本的な義務**です。

一方、論文には別の重要な意味があります。論文は、時代や地域を超えて研究者間でコミュニケーションする唯一の手段だということです。学会発表の場合、その場に居合わせないとコミュニケーションできませんが、論文の場合、100年前の他の研究者の論文を読んで自分が啓発されることもありますし、逆に、自分の論文が100年後に遠い外国の研究者に読まれて影響を与えることもありえます。また、過去の論文の誤りを正す研究成果が出れば、それを論文として公開することによって科学の発展に寄与します。論文は発表されると、他の研究者によってチェックされ、必要なら修正され、あるいはさらなる発展の基礎になります。つまり、発表された論文の蓄積が科学の発展そのものなのです。ですので、**論文を書かなければ科学の発展に寄与しません**。もちろん、いわゆる歴史に残る論文というものはほんの一握りであり、ほとんどの論文は「図書室の藻屑《もくず》」となってしまいますが、自分の論文がどうなるかはすぐにはわかりません。時間が決めてくれますので、とにかく研究成果は論文にしておかなければなりません。

私の経験では、思い入れのある自信作という論文が、意外と他の研究者に引用されずに忘れ去られ、逆に小さな発見なので簡単な論文にしておこうと軽い気持ちで出版した論文が、後続の研究者に大きな影響を与えて多くの論文で引用される、という例があります。どの論文が歴史的に重要になるかはすぐにはわかりませんので、**とにかく論文は出せるときに出しておく**べきです。

よく、「実験や調査はたくさんしているのに、論文にまとまらない」と嘆く研究者がいます。研究をしていると、さらに深く知りたいという気持ちが強くなり、次から次へと研究が続いてしまい、論文発表する区切りがつけられないというタイプの研究者です。気がつくと膨大な成果の蓄積が山となって、どこからどう論文にしていいかわからないという状態になったりします。前にも書いたように、研究は、一つの課題が解決すると、さらに発展的な課題や一段深い課題が見えてきて、数珠つなぎに継続する「ネバーエンディングストーリー」です。ですので、意を決して、区切りのよい時点でそれまでの成果をまとめないと、論文は一生書けません。大学院生のときには修士論文や博士論文という締め切りがありますので、否応なしに区切りをつけさせられますが、大学院の途中でも小区切りをつけて学術ジャーナルに投稿する論文を書くことを勧めます。いくら測定や計算がうまくいったとしても、研究を論文としてアウトプットする段階まできちんとやらなければ、今までの努力が無駄になってしまいます。

しかし、その論文を書くための区切りのつけ方が問題です。中途半端な成果で終わっていて、もうちょっと深く突っ込んだらもっといい論文になるのに、と思える論文もときどき見かけます し、私自身の経験でも「出すのを少し早まったな」と反省する論文もいくつかあります。しかし、あるテーマに対する研究で一定の進展が見られて一区切りついたと判断できるのなら、その時点で論文としてまとめることを勧めます。もちろん、教授や共同研究者と相談して決めてください。その時が来たと自分が思ったら、積極的に教授に「ここまでの結果を論文にまとめてみたいのですが、どうでしょうか」とききましょう。

そのように研究に区切りをつけながら、そのつど、論文を生産していくという態度は、研究者としてキャリアアップしていくために非常に重要です。プロ野球選手がヒットやホームランの数を積み上げていくように、研究者は論文の数を積み上げて実績をつくっていきます。

一区切りついた研究成果を、場合によっては分割して二つの論文として出すという場合があります。もちろん、論文数を増やすために故意に二つに分割する「分割投稿」はよくありません。しかし、**論文のメインの主張は、基本的には一つであるべき**です。主張点が複数になってしまう場合には論旨が複雑になってわかりにくくなることがありますので、二つ三つに分割して論文にしたほうがいいでしょう。一つの論文に統合することが可能なのに故意に分割することは健全とは言えませんが、上記の事情の場合にはむしろ分割すべきです。

正当な分割投稿のケースとして、修士論文や博士論文の研究成果をジャーナルに投稿する論文にするときに私の研究室でよく起こるのは、たとえば独創的な新しい実験装置を開発・製作し、それによって得た今までにない新しいデータがある場合です。この場合は、

・装置の製作と性能を報告する論文

・「データによってどんなことがわかったか」という物理の探究をメインにする論文の2本に分けます。装置の論文は、技術や装置開発を報告する専門のジャーナルがありますので、そこに投稿し、物理の研究の論文は物理分野のジャーナルに投稿します。これを一つの論文にするとかえって論点がぼけ、不必要に長大な論文になって、読者に対して親切とは言えません。基本的に**長い論文は読まれません**。

不当な「分割投稿」の他には、「二重投稿」という研究不正のパターンがあります。一度論文で発表した成果を、もう一度別の論文として発表することです。ここでいう論文とは「オリジナル論文」の意味で、同じ内容のオリジナル論文が複数本あることはありえません。また、オリジナル論文の原稿をあるジャーナルに投稿し、査《さ》読《どく》審査（後述）の結果が届く前に、同じ原稿を他のジャーナルに投稿することも二重投稿になりますので、やってはいけません。先のジャーナルからリジェクト（掲載拒否）されたあとに、次のジャーナルに投稿しましょう。

一方、一連の研究を総括したり、ある分野の最近の研究の進展を総括したりする「レビュー論文」（総説論文）では、先に出版したオリジナル論文と同じ内容をもう一度かいつまんで述べることは二重投稿にはあたりません。また、学会発表した成果を論文として投稿することも二重投稿にはあたりません。しかし、学会によっては、2、3ページにわたる予稿（プロシーディング）を提出させられ公開される場合もあります。その予稿が論文として認められる場合には、その後、改めて同じ内容をオリジナル論文として出版できなくなりますので注意してください。ただし、もちろん、その学会発表の内容を踏まえて、さらに発展した成果が出たのなら、そのあとオリジナル論文として投稿することは問題ありません。

また、日本の学会の学会誌に日本語でオリジナル論文として書いた研究成果を英語に直して他の学術ジャーナルに投稿することも倫理に反していますので注意しましょう。しかし、この場合でも、それを発展させた成果が出たのなら、改めて英語のオリジナル論文とできます。

どんなささいな発見や発明でも、それを最初に論文発表した研究者が発見・発明の功績を独り占めできます。とにかく研究の世界では一番のみに意味があり、**二番ではダメなのです**。逆に、研究成果を論文にしなければ、同じ研究結果を他の研究者に先を越されて発表されてしまうかもしれません。そんなとき、「それは自分が何年も前に発見していたよ」と主張しても無駄です。誰も信じません。ですので、指導者や共同研究者と相談して、成果を積極的に論文化することを勧めます。最近では、2、3ページの短い速報形式（レター論文）をもつ論文誌も多数ありますので、おおいに利用すべきです。

18世紀末から19世紀にかけてイギリスで研究した科学者キャベンディッシュは、遺産による豊富な個人的資金を使って研究に没頭し、数々の成果を出しましたが、その多くを発表しませんでした。彼の死後に発見された彼の研究ノートから、今で言うクーロンの法則やオームの法則を、クーロンやオームが発見する10年から40年以上も前にキャベンディッシュが発見していたことがわかりました。もし生前にこれらの成果を論文として発表していたら、これらの法則の名前も違っていたし、科学の発展もさらに加速されていたでしょう。やはり、研究成果は、そのつど発表し、学界の評価と批判を受けることで科学の進歩に寄与できるのです。

良い論文を書くには論文をたくさん「見る」

論文は研究の一つのゴールですので、研究がある程度走り出して方向性が見えてきたら、**論文をイメージしながら研究を進める**といいでしょう。その論文のイメージが、非常に具体的な研究計画の役割を果たして、効率よく研究を進めることができます。研究成果がまとまったあとに、その構想や内容を考えて原稿を書き始めればいいと思っていてはいけないのです。

重要なのは図です。具体的には、論文に実際に貼り込む図（英語論文では"Figure"と呼ばれます）をイメージして、「勝負データ」をポイント、ポイントで採るように心がけます。よくあることですが、論文を書き始めると、「この条件だけでなく、別の条件でのデータがあると論旨が補強されて完璧なのだがな」と思うことがあります。結局、条件を変えて新しくデータを採り直すことなったりします。そのような非効率的な手間を避けるためにも、論文のストーリーと図を具体的にイメージしながら研究を進めるといいでしょう。

論文の構成は、基本的には次ページのような形式に従います。前に書いた学会発表と同じ「起承転結」の流れです。しかし、論文の原稿を作る手順は（分野や個人の流儀によってさまざまでしょうが）、多くの場合、「起承転結」の順序ではありません。私の勧める順序は次の通りです。

① まず、論文のメインとなる、「研究結果と考察」（リザルツ・アンド・ディスカッション）の部分、つまり「承＋転」の部分を最初に書きます。研究で得られたデータを整形して、論文で図として使う形にします。必要ならデータを表（英語論文なら"Table"）として整理します。

② 出来上がったいくつかの図を並べてみます。それぞれの図や表で何が結論できるのか、箇条書きに書き出し、それをつなげていきます。たとえば、主張点に直結するグラフを最初に出し、そこから言える主張点を箇条書きで書きます。

③ それとは異なる条件で採ったデータのグラフを出して、メインの主張点に整合していることを示して主張を補強します。

④ メインの主張点の原因を探るために行った別の研究のデータを示し、さらに一段深いところに議論を持っていきます。

論文の標準的な構成

㋐ **High-resolution measurements of X-ray . . .**

Alice, Bob, and Charlie

㋑ *Department of Physics, Example University, 1-2-3 Otowa Bunkyo-ku, Tokyo 123-4567, Japan*

㋒ We report spectroscopic measurements of the energy of X-ray emission at various angles of . . . .

㋓ **1. Introduction**

Recent studies have revealed that X-ray wavelength of the excited . . . .

㋔ **2. Method**

Our experiment setup consists of a variable-angle spectrometer and . . . .

㋕ **3. Results and Discussion**

Fig. 1 shows our experimental results. The emission intensity as a function of the angle takes a peak value at . . . .

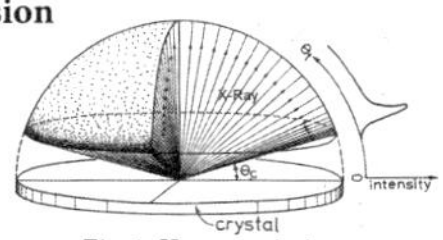

Fig. 1: X-ray emission.

㋖ **4. Conclusion**

Here we conclude this study by pointing out two possibilities of . . . .

㋗ **Acknowledgements**

We are grateful for the assistance provided by . . . .

㋘ **References**

1) A. Example et al.: *Example* 99 (20XX) 999.

※記述は架空のものです

㋐ **Title／論文題名**　読者の興味を引く魅力的なタイトル、重要なキーワードを盛り込みます。

㋑ **Author(s), Affiliation(s)／著者名・所属機関名**　共著者の責任と権利をよく理解して共著者を厳選します。

㋒ **Abstract／著者抄録**　得られた研究成果を具体的に、かつ簡潔に述べます。多くの読者はこの著者抄録しか読まないことを前提に必要な情報を盛り込みます。

㋓ **1. Introduction／導入（「起」）**　本研究の背景や重要性、関連する先行研究の概観、本研究のもとになった問題意識と本研究の目的、本研究でのアプローチの独創性・優位性、本研究の成果を簡潔に述べます。

㋔ **2. Method／研究方法（「承」）**　実験装置や計算方法、用いた試料の説明などを要領よく、かつ、読者が再現研究をするために十分な情報を書き込みます。

㋕ **3. Results and Discussion／研究結果と考察（「承＋転」）**　本研究で得られた具体的な結果、および先行研究との比較や異なる観点からの検討を述べます。論文の本体となる部分です。

㋖ **4. Conclusion／結論（「結」）**　本研究で得られた成果をまとめます。しかし、著者抄録と全く同じ文章ではいけません。また、導入で述べた本研究の目的に対応する結論にします。必要なら将来に向けた課題もまとめるといいでしょう。

㋗ **Acknowledgements／謝辞**　共著者には入らないが、本研究の遂行に協力してくれた人たちの名前を挙げて謝辞を述べます。研究費の出処も明示します。

㋘ **References／引用文献**　本研究に関連する先行研究の論文や参照した教科書などのリスト。引用文献は、重要な先行研究を漏らさぬよう細心の注意を払って選びます。

このように、まず図を頼りに主張点を明確にしつつ、単純でわかりやすいストーリーを作って論文のメインとなる部分を組み立てます。ストーリーが逆戻りしたり枝分かれしたりする場合には、メインの流れが見失われないよう細心の注意を払って構造を組み立てます。このストーリーができたら、教授や助教に、準備した図や表を見せながらストーリーを説明し、いろいろ議論してもらい、必要なら修正するとよいでしょう。英文を書き始めるのは、このような明快なストーリーが固まってからです。

ノーベル賞の対象になったような歴史的に有名な論文はすべて明快な論理構成になっているかというと、そうではありません。論理が錯綜《さくそう》してわかりにくい構成になっている論文もあります。しかし、現代においては、科学的にどんなに良い成果が報告されている論文でも、ストーリー構成や図などがわかりにくい場合、メジャーな学術ジャーナルには掲載されません。査読者からリジェクト（拒否）かリビジョン（書き直し）の判定を受けるでしょう。ですので、研究者としてうまくやっていくためには、科学的に重要な成果を出すことは当然として、その論文やプレゼンが上手でなければなりません。でないと研究者としての能力を過小評価されてしまいます。

論文のメインとなる「結果と考察」部分を書けば、あとは自然のなりゆきで「研究方法」（メソッド）のセクション、つまり「承」の前半部分も書けます。論文に示したデータを得た方法を必要最小限で簡潔に説明すればいいわけです。研究手法や実験装置に関して詳しく書いてある論文が他にあれば、それらを引用して、ここでは概略だけの記述にとどめることもあります。

また、メインの成果の部分が確定すれば、結論のセクションも簡単に書けるでしょう。この論文で何を主張したいのか、もはや明瞭に認識しているはずです。

そして**最後に書くのが「起承転結」の「起」、つまりイントロダクションです**。この部分こそ研究者としての実力と見識が問われ、一番難しいところです。本研究の背景を、一般的な問題意識やその分野の重要性から説き起こし、本論文のテーマの重要性、関連する先行研究のレビューと問題点の抽出、そして本研究の必要性とアプローチの独創性を述べます。イントロダクションは、その論文のメイン部分が確定してから書けば、一般論的な背景から本研究の独創性まで、いわば「我田引水」的なやり方で効率よく述べることができるでしょう。わかりにくいイントロダクションでは、**とかく多方面に配慮しすぎてストーリーの流れがわからなくなるという傾向がありますので、単純な「我田引水」的なストーリーを基本に**してイントロダクションを書くのがコツです。

ここまでくれば、もうアブストラクト（著者抄録）と論文題名は自然と書けます。とくに、アブストラクトは、実際に研究してみなければわからないこと、たとえば具体的な数値などを書き込むといいでしょう。アブストラクトといっても抽象的な表現ではなく、具体的に何がわかったのかを書くことと、論文の末尾の「結論」（コンクルージョン）の部分と首尾一貫していることが重要です。アブストラクトと結論のセクションとで文章がまったく同じというのは印象がよくありません。手抜きしている印象を与えます。趣旨は同じでも少し違った表現にしましょう。

研究者は、新聞を読むように、他の研究者が書いたたくさんの論文を日常的に読んでいます。でも、すべての論文を隅から隅まで丁寧に読んでいるわけではありません。だいたいは、論文の題名を読み、次にアブストラクトを読み、そして、ページをパラパラとめくって図を見て終わりです。「それほど重要な論文ではないな」と思ったら、次の論文に目を移します。アブストラクトや図に興味がそそられた論文に限って本文を詳細に読み始めます。ですので、熟読する論文は極めて少数です。これからわかることは、**題名、アブストラクト、そしてきれいで魅力的な図は決定的に重要**だということです。魅力的な図ができれば、論文の半分は出来上がったと言っていいでしょう。

とにかく論文は、他の研究者に読んでもらって、引用され、追試や吟味されることによって科学の発展に寄与しますので、他の研究者の目にとまらなければ意味がありません。読まれない論文は、内容にかかわらず「死んだ論文」なのです。また、上述のように、図はアイキャッチの役割として重要です。さらに、もっと大切なことは、**歴史に残るのは図、つまりグラフや写真などのデータであって、それを説明する英文ではない**ということです。ですので、英文の良し悪しは二の次で、理解しやすければいいのです。**美文調や高級感のある英文など必要ありません。データや自分の考えを、美しくわかりやすく説得力のある図にまとめる**ことのほうがずっと重要です。

逆に言うと、日常的にたくさんの論文を見て読んでいる研究者こそ、よく読まれる論文の特徴を知っていることになります。ですので、よく読まれる論文を書ける人は、たくさんの論文を「見て」読んでいる人だと言えます。人気の小説家は驚異的な読書家であることが多いと言われるように、多くの論文を読むことが良い論文を書く出発点でもあります。毎日、論文を、熟読しないまでもたくさん見ましょう。

引用は気を使う──ときには「八方美人」になれ

論文では、先行研究や関連研究など他の研究者が書いた論文をたくさん引用しますが（自分が過去に書いた論文も引用します）、最近、この論文引用が、ジャーナルのインパクトファクター（文献引用影響率）と呼ばれる指数やｈ－ｉｎｄｅｘと呼ばれる研究者個人の業績評価として使われる指標に関連して重要事項になっていますので、注意する必要があります。

大原則は、第一発見者の論文を引用して敬意を表することです。その法則なり概念なりを最初に言い出した論文は必ず引用しましょう。その第一発見の論文のあと、多数の研究がなされて発展したという場合、とても全部の論文を引用できないでしょうから、適切なレビュー論文（総説論文）や節目となる重要な論文を引用して、コンパクトに先行研究の歴史を総括します。

イントロダクションのセクションで要領よくコンパクトに関連する研究の歴史をまとめた論文は、読者にとって非常に有益で、その結果、多数引用されることにもなります。ですので、自分の研究の背景は文献調査を十分にして普段から勉強しておく必要があります。適切な文献の引用は、イントロダクションのセクションとともに研究者としての実力が問われるところです。

ここで少しテクニック的なことですが、自分の論文原稿の中で「引用すべき適切な論文」を選ぶ際、**査読者になる可能性のある研究者の論文をなるべく引用する**という考え方があります。あとで述べるように、論文はジャーナルに投稿すると査読者によって審査されますが、その査読者は自分と同じ専門分野のベテラン研究者であることが多いものです。ですので、ベテラン研究者であるのなら当然重要な論文を書いているはずで、その論文を引用しないと、文献調査が足りないとみなされて審査結果に影響する危険性があります。さらに、そのようなベテランと言われる研究者は当該分野に何人もいるでしょうから、**どの研究者が自分の論文の審査に当たっても大丈夫なように、「八方美人」的な引用文献リストにすることも必要**かもしれません。研究者も人間ですので、いろいろ気を使うものです。

実際、他のグループからジャーナルに投稿されてきた論文原稿を私が査読しているときに、私のオリジナル論文を引用すべきところで別の研究者の後続の論文などを引用しているのに出くわすと、むっとします。もちろん、それだけでリジェクトの判定はしませんが、審査コメントには、文献調査をもっと綿密にやって密接に関連する論文や原点となる研究の論文、たとえば、AとBとCを引用すべし、と書いたりします。そのとき、例として挙げる論文には自分の論文Aだけでなく、他のグループの論文B、Cも入れておきます。なぜなら、例としてAだけを挙げると査読者が誰か著者にわかってしまいますので、いくつか挙げた論文の中に紛れ込ませるわけです。このような査読者と著者との駆け引きは次のセクションで書きます。

論文の著者リストに誰を入れるかは基本的には教授など研究リーダーが決めますが、もちろん当該研究を中心的に進めた研究者、つまり原稿の執筆者が共同研究者の寄与を詳細までよく知っていますので、著者リストの案を作っても構いません。共著者は、全員、基本的には、その論文の内容で学会発表ができる程度に、内容に精通し責任を持てる研究者でなければなりません。共著者に名前を連ねるということは、研究成果の栄誉を享受できるとともに説明責任があるという意味なのです。論文に誤りがあるのが判明した場合、著者全員が責任を負うことになります。ですので、著者全員に論文投稿前に原稿を見せて十分確認をとる必要があります。

研究不正事件での言い訳として、「誤りの箇所には関わっていない」「私は単に測定しただけなので、そのサンプルがどのようなものかという点には責任を持てない」「実験にはタッチせず論文執筆だけを担当したので実験データの誤りには責任はない」などと頻繁に聞きますが、著者の一人として自分の名前が入ったからには、そのような言い訳はできません。もし、論文の一部にでも自分が責任を持てない部分があるのなら、共著者から外れるべきです。**共著者は、たとえ論文に記載の研究の一部しか担当しなかったとしても、論文全体に責任を持たなければなりません。**単に研究に協力したというのであれば、謝辞の部分に名前を載せるべきです。

原稿は教授を含めて共同研究者全員に回してコメントや修正をもらい、何度も改訂します。その過程で構造の骨組みを大きく変更することもあるでしょう。英語の表現の修正もたくさんあるでしょう。そのような共同作業を通じて考察が深まるときもありますので、時間をかけて原稿をじっくり推敲《すいこう》します。共同研究者に無断で原稿を完成させてジャーナルに投稿してしまうことなど言語道断です（そのようなことがときどきあると聞きます）。

ときには、原稿が完成したと思ったら、1、2ヵ月間「寝かせておき」、他の作業をして過ごします。そして、原稿の詳細を忘れた頃に再び原稿を読んでみることを勧めます。**時間が経つと自分自身が「他人の目」になります**ので、新鮮な目で読み返すと良いチェック機能として働きます。思わぬ勘違いや自分が書いたのに意味不明の英文などを発見することがあります。

しかし、この「原稿を寝かせる」という考え方は、外国人の研究者には通じない場合もあるようです。知人から聞いた話ですが、海外との共同研究の成果を論文にするとき、原稿を完成させたあと、しばらく「原稿を寝かせて」いたら、「何をグズグズしているんだ。早く原稿をジャーナルに投稿しろ」と海外の研究者から叱られた、とのことです。また、競争の激しい緊急性の高いトピックスの論文では、「原稿を寝かせて」いると他の研究者に先を越されてしまうかもしれませんので、「原稿を寝かせる」ことに関しては臨機応変に行動してください。

最後には、科学的な内容でなく、英文の文法的な誤りや図・表の中の文字の細かな表記の誤りの発見だけに集中して原稿をチェックします。声を出して原稿を読み上げると、スムーズな英文になっているかどうかチェックできます。

自分の論文をどの学術ジャーナルに投稿するか、教授や共同研究者と相談して決めてください。ジャーナルによって原稿の長さに制限があったり、形式が違っていたりしますので、そのジャーナルに合った長さや形式で原稿を準備します。ですので、**どのジャーナルに投稿するかを事前に決めてから原稿を書き始める**ことが大切です。

可能ならできるだけ有名な学術ジャーナルに自分の論文を出したいという気持ちはわかりますが、自分の論文のトピックスや内容に適したジャーナルに投稿することを心がけてください。自分が日頃よく読んでいるジャーナルに投稿するのがいいでしょう。自分と近い興味と関心を持つ研究者もそのジャーナルを読んでいるはずなので、そのジャーナルに掲載されれば、あなたの論文は多くの読者によく読まれるはずです。ひいては後続の論文に引用されることにもつながり、科学の発展に寄与できます。**著名なジャーナルより自分の研究トピックスに合った適切な読者層を持つジャーナルに投稿してください。**

有名ジャーナルに載った論文すべてが、必ずしも多数の被引用数を誇っているわけではありません。そのことは統計データから明らかになっています。非常に多数回引用される超有名な論文の多くが有名ジャーナルに掲載されていることによって、そのジャーナルのインパクトファクター（これは被引用数の平均値をもとに計算される値です）を押し上げているだけです。残りのほとんどの論文は、普通の（有名でない）ジャーナルに掲載されている論文と被引用数で大差ないという統計があります。また、インターネット検索の発達した現在では、ジャーナルの知名度にかかわらず、キーワード検索によって世界中の論文が引っかかってきますので、ますますジャーナルの知名度は重要でなくなっています。

なぜ、研究者は自分の論文が掲載されるジャーナルの知名度やインパクトファクターを気にするのかというと、それは単なる「見栄」にすぎません。**自分の論文が有名どころのジャーナルに載ったという満足感は、高級外車に乗っているという満足感とあまり変わりません。**ですので、個々の論文の評価を、その論文が載っているジャーナルの知名度で評価するなど愚の骨頂です。個々の論文の被引用数のほうがずっと確かな評価の指標になっています。とくに若い大学院生やポスドクなどは有名ジャーナルにチャレンジしようとします。チャレンジ自体は悪いことではありませんが、有名ジャーナルに運良く掲載されたからといって質の高い論文だとは必ずしも言えません。実際、有名ジャーナルに載った論文で、被引用数の低いものも多数あります。

余談ですが、大学によっては、（ある程度のインパクトファクターのついた）学術ジャーナルに論文が掲載されていることが博士号を取るための要件になっているところがあります。博士論文の中核となる成果がジャーナルの査読者の審査によって合格しているので、質が保証されている、という論理で博士論文を審査するシステムのようです。しかし、もし、この趣旨が本当なら、この考え方にはいささか疑問を感じます。これは、博士論文の実質的な審査を、そのジャーナルの匿名で何の責任もない査読者に任せているようなものです。次に述べるように、査読者は、必ずしも正しい審査をするわけでもないし、だいいち匿名なので非常に無責任です。また、査読者によっては、査読報告をするのに１ヵ月も２ヵ月もかかる人がいて、そのために、博士の学位の取得が遅れたという話をよく聞きます。

私が所属している専攻では、博士号取得のために、博士論文の内容の論文が学術ジャーナルに掲載されていなければならないという要件は課していません。ジャーナル論文の有無にかかわらず、博士論文の審査委員会が全責任をもって審査しています。私個人としては、博士論文の内容は未発表のオリジナル研究でなければならないと考えています。博士論文の審査前に、その成果を学術ジャーナルに出してしまうと、それは自分の研究であるにもかかわらず「先行研究」の一

つになってしまい、もはやオリジナルな成果とは言えなくなるからです。しかし、そのような話を他大学の先生方にすると、

「うちのような弱小大学では、専門が同じか近い先生がほとんどいないので、学術ジャーナルの審査に頼らざるをえないんだよ」

という言い訳をしますが、それなら他大学のその専門分野の先生を外部審査員として審査委員会に加えて審査すればいいはずです。とにかく、ジャーナルの匿名査読者に博士論文のコアとなる部分の審査の責任を負わせることはできません。

他方、この考え方とは違った説明も他大学の先生から聞きました。博士号をもらうには、学術ジャーナルに自分の論文を掲載されるまでの過程すべてを、次に述べる査読者との戦いも含めて経験することが重要なのであり、それゆえに学術ジャーナルに掲載された論文があることを博士号取得の要件にしている、という考え方です。確かに、その観点からは納得できます。博士論文の質の保証という観点ではなく、博士号は、論文の原稿作成、投稿から掲載までの一連の過程の経験なしに授与させられない、という考え方なら私も同意します。つまり、先に書いたように論文の掲載をもって研究が完結すると言えるので、ジャーナルに論文を掲載するまでを自分自身が主体的になって経験するのは、重要なことです。

査読者との戦い——低姿勢で、でも「ホーリスティック」に

完成した論文原稿を学術ジャーナルに投稿すると、編集者（エディター）が選んだ査読者（レフェリー、レビュアー）によって、その原稿がジャーナルに掲載する価値のある論文かどうか審査されます。この査読者は、その論文と同じ専門分野かそれに近い分野の研究者から選ばれます。つまり、著者と同じような研究をしている研究者が審査するわけです。これはピアレビュー（同分野の専門家による査読）制度と言われます。ジャーナルには、正しい論文だからといって際限なく多くの論文を掲載することはできないので、投稿されてきた論文のうち価値の高そうな論文を選んで掲載するために、この査読制度があります。専門的な知識を持つ同じ分野の研究者が査読者になるわけです。

ピアレビュー制度には、論文の質を保証し、科学情報の信頼性を高める重要な役割があると言われていますが、問題も指摘されています。査読者は無報酬のボランティアで、その名前は伏せられており、誰が審査したかわからないようになっていますが、査読者がその論文著者のライバルだったりすると、ときには、いろいろ不適切なことが起こる場合もあると聞きます（あってはならないことですが）。また、査読者は研究実績のある大家かそれに近いベテラン研究者が多いよ

うですが、新進気鋭の若手研究者が指名される場合も若干はあるようです。そうすると、時折バランスを欠いた審査結果が届くこともあります。

査読審査は、その論文で報告されている研究成果に関して、

- 新規性があるのか、革新的なのか
- その分野で有用か、重要か、インパクトがあるのか
- 深遠な内容を含んでいるのか、単なる二番煎じではないか
- 結果に説得力があるのか、結論がデータで裏付けされているか
- わかりすく明快なストーリーで書かれているのか
- 時宜にかなった研究なのか
- 幅広い読者層に興味を持たれるか

などの観点からなされます。

審査の結果は、大きく分けて三つです。「**アクセプト**」(掲載可)、「**リビジョン**」(修正の上で再審査)、「**リジェクト**」(掲載不可)です。提出した論文原稿がそのままアクセプトの判定を受けることは、ほとんどありません。私は長い研究者人生の中で200編近い論文を出版していますが、

提出した原稿のままでアクセプトの判定を受けたのは3回だけです。多くの場合は、リビジョンを要求され、改訂稿を再提出してアクセプトの判定をもらいます。また、改訂稿でも査読者が満足しない場合にはさらにリビジョンを要求される場合もあるし、リジェクトの判定に変更される場合もあります。

私も内外のたくさんのジャーナルから論文審査を依頼されて日常的に査読していますが、リジェクトの判定をする理由は、

・以前の研究の単なる繰り返しで新規性がない
・単に陳腐な内容
・主張点がデータによって説得力ある形で裏付けされていない
・そのジャーナルがカバーしている専門分野から外れた研究

といったところです。単に英語が下手だとか、説明がわかりにくいという理由でリジェクトの判定をすることはありません。英語が下手な場合、ネイティブの外国人か英文校正会社に依頼して原稿を修正するよう著者に要求します。

リビジョン、すなわち修正要求の判定を受けた場合には、改訂稿を作り、同時に「どのように

査読者の指摘事項を考慮して原稿を修正したのか」を説明する手紙をつけて、再提出しましょう。査読者に納得してもらうように、その手紙と改訂稿を作らなければなりませんが、それにはコツがあります。基本的には査読者の指摘事項を100%受け入れて、指示する通りに原稿を修正すればいいわけですが、ときには査読者が論文を誤解したり、当該分野の専門家でないために誤った修正の要求をしたりする場合もあります。あるいは、理不尽と思えるほどの法外な修正要求をしてくる場合もあります。とんでもなく難しい、あるいは高価な装置を必要とする高度な追加実験をやりなさいとか、実験条件をとんでもなく広い範囲で変えて追加測定しなさいなど、悪意があるとしか考えられない修正要求もときには受けることがあります。そのような要求通りの追加の研究をしたら1年も2年もかかってしまい、もう1本別の論文が書けてしまうくらいの要求の場合もあります。あるいは、極めて妥当な追加研究の要求ですが、すでに装置が解体されていて実験できないとか、コンピュータの計算費用の予算がないので追加計算できないなど、要求通りの追加研究を実行できない場合もあります。

そのような場合、いかにうまく査読者を説得する手紙を書くかが腕の見せどころです。まず手紙の冒頭で、時間をかけて注意深く査読してくれた査読者に対して感謝の意を表し、すべての指摘事項を真摯に受け止めて原稿を修正したことを述べます。**極めて低姿勢であることを印象づけます。**

次に、それぞれの指摘事項に対して具体的に、どう判断して原稿修正に取り入れたかを一つ一つ詳細に説明します。要求通りの追加実験などができない場合、それができない理由を説明し、追加実験しなくとも、今回の論文の主張点を支持する証拠と論理展開には支障ないことを丁寧に説明の手紙に書きます。最後に、

「その追加実験は次の研究課題として取り入れたい。良い指摘に感謝している」

と書くと、印象がぐっと良くなります。無理難題を要求されていても、決して査読者に怒りをぶつけてはいけません。査読者の批判している点が理不尽なら、その指摘事項には同意できない理由を丁寧に説明しましょう。

また、指摘事項がいくつかある場合、そのうち答えるのが難しい指摘事項を無視して返答の手紙で触れないと査読者が不快に思い、決して良い方向にはいきませんので、一つたりとも指摘事項を無視してはいけません。すべての指摘事項に対して丁寧に返答を書きます。

査読者の指摘に同意できないときには、査読者と同じレベルに立って真っ向から反論を書いてはいけません。よく言われることですが、「ホーリスティック」（holistic、全体論的）な書き方、つまり、査読者より一段高いところから問題の全容を見渡して見解を述べることによって、査読者の指摘が的を射ていないことを間接的に批判します。これによって、自分は査読者よりこの問題に関して見識が上だと暗に主張して査読者を黙らせます。逆に、ジャーナルの編集者に対して、

この査読者がいかに的外れな批判をしているかを訴えても無駄ですし、むしろ逆効果です。その査読者を選んだのは編集者なので、その編集者自身を批判していることになるからです。ですので、「査読者は何もわかっていない」などと編集者に訴えることはやめましょう。

具体的には、ホーリスティックな反論とは次のようなことです。たとえば、査読者が、「Aの要素を考えると、論文で主張している結論は必ずしも正しくないのではないか」と批判してきたとします。それに対して、たとえば、

「Aだけを考えるのは逆に不十分であり、そのほかにBやCの要素も考慮する必要がある。実際、我々は『結果と考察』のセクションのこれこれの議論で述べているように、ご指摘のAはもちろんのこと、考えられるすべての要素を多角的に検討して今回の結論を導いた」

と反論します。このように、査読者より自分たちのほうが広く深く検討していることを示せば、査読者はぐうの音も出なくなります。

現在では、ほとんどのジャーナルでは一つの投稿原稿に対して査読者を2名つけます。その場合、2名の査読者の意見が分かれることもあります。査読者Xがアクセプトの判定を出しているのにもかかわらず、もうひとりの査読者Yがリジェクトの判定を出す場合もよくあります。そのような場合、編集者は、

「査読者Yの判定を覆せるのなら、指摘事項に対する反論なり意見を手紙に書き、必要なら原稿

も修正して再提出してください。再審査します」

と言ってきます。そのとき、査読者Yに対する反論の中に、査読者XがOKを出しているのに査読者Yが拒絶しているのはおかしい、フェアでない、何もわかっていない、などと**非難する言葉は絶対に書いてはいけません**。原稿での説明が不十分だったので正しく理解されなかったことを査読者Yに詫びて、リジェクトと判定した批判事項一つ一つに対して丁寧に反論しましょう。上述のように、ホーリスティックな反論を書きます。**あくまで低姿勢にです。**

改訂稿と説明の手紙を再投稿して、それでもリジェクトの判定を受けた場合は、もはやお手上げです。運悪くひどい査読者にあたってしまったときっぱりあきらめて、**同じ原稿を他の学術ジャーナルに投稿し直しましょう**。がっかりする必要はありません。査読者が間違っていただけです。最終的にリジェクトの判定となったとしても、査読者の指摘事項に対応するために原稿を改訂したことは無駄ではなく、原稿は最初のものより必ず改良されているはずです。「捨てる神あれば拾う神あり」と前向きに考えて、次のジャーナルに投稿し直しましょう。

有名ジャーナルからは、

「多分あなたの研究成果は、その専門分野の研究としては価値があるのでしょうが、当ジャーナルが要求している幅広い読者層からの一般的な興味と重要性という点では不足なので、リジェクトの判定をします」

といった判決が下される場合が多いと聞きます（私も二度ほど経験があります）。このような場合は、もっと専門的なジャーナルに出し直せばいいだけです。がっかりする必要はありません。

学生によっては、査読者からいくつかの指摘事項を受け、その点を修正して改訂稿を再提出すればアクセプトになる可能性があるという判定を受けた場合でも、「いろいろ批判された」というショックで原稿を一から全部書き直そうとする人がいます。論文に限らず、今まで生きてきた中で他人から批判を受けたことがあまりない優秀な学生の場合が多いようです。査読者のちょっとした批判に対してオーバーリアクションをしてしまう傾向にあります。原稿の中で、指摘事項に関連した部分だけを必要最小限にとどめて修正すれば十分であり、逆にそれ以上の修正をやってはいけません。基本的には、指摘されていないところを書き換えてはいけないのです。その部分は合格なのですから（もちろん、査読者に指摘されていない箇所の中で著者自身が誤りを発見した場合には、そこを修正した旨、手紙には追記する必要があります）。

逆に、査読者からの指摘事項について、それを真摯に受け止めず、本質的な改訂をせずに英文の言い回しだけを変える“cosmetic changes”はいけません。不誠実な対応とみなされ、印象を悪くし、結局、指摘事項が真面目に考慮されていないという、リジェクトの理由を査読者に与えてしまいます。**査読者の指摘事項が理不尽な場合でも、著者側が誠実に対応していない場合、著者側が責められる立場になってしまいます**ので、要注意です。

英語と付き合う——Take it easy!

　理工系の研究者にとって英語との付き合いは避けて通れません。中学高校から英語が苦手だという人も多いと思いますが、理工系で必要とされる英語は難しいものではありません。とくに論文を読んだり書いたりするための英語はパターンが決まっていますので、慣れてしまえば中学英語程度の実力で十分です。大学入試の問題のような難しい英文、つまり読解力が試されるような英文は出てきません。読んで理解するのに高度な読解力を必要とするような論文は悪い論文であり、著者が悪いのであって読み手の責任ではありません。

　しかし、英語論文が一見難しいように見えるのは事実で、それは実は専門用語（あるいは当該専門分野特有の隠語といってもいい言葉）のためです。それぞれの専門分野で必要とされる英語の専門用語や独特の言い回しがたくさんありますので、その意味がわからなければお手上げです。ですので、専門用語は（日本語でも英語でも）すべて覚えるしかありませんし、逆に覚えてしまえばスラスラと論文が読めるようになるはずです。論文の英文自体は簡単な構造をしていても、専門用語の意味がわからないために難解に見えるだけなのです。たとえば、物理学を専門とする私が、生物学の論文を見てもほとんど理解できません。それは専門用語の意味を知らないからで、英文の構造や文脈がわからないからではありません。

　ですので、研究者には英語が必須だと言われますが、大学受験の英語の悪夢を思い出す必要はありません。ずっと気軽に考えて、たくさんの論文や専門の英語の教科書を読みましょう。その中で専門用語を意識的に覚えるようにしてください。また、専門分野の教科書だけでなく、学部時代に学んだ基礎科目の英語の教科書を何冊か読むとずいぶん違います。物理学でいえば、電磁気学や量子力学のような基礎科目の英語の教科書を、日本語の教科書の復習のつもりで読むと英語の良い勉強になります。

　私の研究室のセミナーでは、毎週、専門分野の洋書の教科書を、英語の勉強も兼ねて輪講《りんこう》しています。当番を決めて、一人の学生が講師となって教科書の中のいくつかのセクションの内容をかいつまんで説明するわけですが、ある学生が、教科書の英文をインターネットの自動翻訳サイトに入力して、出てきた日本語をもとにセミナーで説明したことがありました。インターネットの自動翻訳サイトは、専門用語の意味を正確に訳せませんし、ときとして、専門用語と同じ言葉が日常語として使われていることがあり、その場合、当然ながら意味が通じません。にもかかわらず、その学生は、意味不明のままセミナーに臨んできたわけです。たとえば、量子力学の“uncertainty principle”という言葉を「不確かな原理」「確定していない原理」などと訳したのでは意味がわかりません。「不確定性原理」という専門用語を知らないと、専門分野では生きていけません。

論文を生まれて初めて英文で書くときには時間がかかるものです。私は修士課程2年生のときに、生まれて初めて英語の論文を書きましたが、そのとき、科学英語論文の書き方の指南本を何冊か読みました。ほとんどの本には、「英作文はするな、良いジャーナルに載っている論文での言い回しを真似ろ」と書いてありました。英語の論文を書くので、英作文の力が必要だと思うでしょうが、実は違います。自分で読んだ多数の論文の英語を真似るだけで実は自分の論文が書けてしまいます。こんなことを言うと、盗作じゃないか、剽窃《ひょうせつ》じゃないか、と非難されるかもしれませんが、そんなことはありません。**学ぶことは真似ることから始まる**のです。下記のように言葉を入れ替えれば問題ありません。

たとえば、論文のイントロダクションでは、

「○×の研究は△□のために非常に重要であり、最近多数の研究が報告されている」

という書き出しで始まる論文がほとんどです。ですので、○×や△□のところを自分のテーマの言葉に置き換えれば、この文をそのまま使えます。あるいは実験結果の考察のところで、

「この結果は、△が□であることを意味していると考えられる」

という表現も必ず使われますので、△や□を自分の研究の言葉に入れ替えてしまえば、この文章も使って構いません。科学論文でのストーリーの展開はほとんどパターン化していますので、出

てくる文章のパターンも多様ではありません。ほとんどの場合、定型化しています。ここが文学作品と違うところで、**科学論文では文章でオリジナリティを主張する必要はありません。自分の独創性は、英文そのものではなく、英文で表現されている学術的内容で発揮してください。**

私は30歳代前半頃まで、英語例文集を自分で作っていました。自分がたくさんの論文を読んでいると、良い言い回しだな、気の利いた表現だな、と思う文章にときどき出会います。そのような文章を良い例文としてノートに抜き書きして記録しておきます。その際、イントロダクションで使う例文、方法の説明で使う例文、結果の説明で使う例文、考察で使う例文、結論で使う例文、といったように、それぞれのセクションごとに分けて集めておきます。そうすると、自分が論文を書くときに、似たようなニュアンスの言い回しを例文集から拾って（そして、言葉を自分の研究のものに置き換えて）使えることがときどきあり、とても便利です。繰り返して言いますが、このような手法は盗作でも剽窃でも何でもありません。まったく正常なことです。このような地道な努力を何年もしていると、集めた例文が自分の血となり肉となって、いつの間にか英語論文を書くときに自然と似た言い回しがスラスラと出て来るようになります。これが、実力がついたということです。

一方、国際会議での英語の発表には別のトレーニングが必要です。まず講演での英語は論文の英語と少し違います。最近の論文では能動態の表現が増えたとはいえ、受動態の文章も多く見かけますが、講演ではほとんどすべて能動態の文章で喋ります。そのほうが、歯切れが良くリズムが出てきます。また、論文では複文が多く使われますが、講演ではほとんど使いません。**短い単文にぶつ切りにして喋ったほうが言いやすい**し、聞いている方もわかりやすいものです。

また、講演だけで使われる独特の表現もあります。

"I will come back to this point later."（「この点は後ほど立ち戻って議論します」）

"I would like to share with you our recent results."（「我々の最新の結果を皆さんにお示ししたいと思います」）

などの口語的な表現は論文では使いません。ですので、これまた、他の研究者の講演をたくさん聞いて学ぶしかありません。しかし、基本的な流れは、論文で使った英文を少し単純化するだけで問題ありません。

初心者は、日本語での学会発表のときのように、英語でも台本を書くことを勧めます。その台本を実際に声に出して読んでみれば、書き言葉になっていないか、言いやすい話し言葉になっているか、チェックできます。どうしても言いよどむところやリズムが悪いところは、別の表現に直しましょう。**話し言葉は、基本的に中学英語程度で十分です。ネイティブでない日本人が洒落た言い回しやかしこまった表現をするほうが失笑を買います。**単純すぎる英文のほうが、ネイティブの研究者には好感を持たれますし、質疑応答でも易しい英語で優しく質問してくれます。

日本人にとっては国際会議での質疑応答が最大の難関です。講演自体は何度も練習して会議に臨むので無難にこなせるものですが、質疑応答になるとボロボロになる人をよく見かけます（私もそうでした）。まず英語での質問が聞き取れません。とくに、学校で習ったようなきれいな（？）英語ではなく、インド訛《なま》りだったり中国語訛りだったりフランス語訛りだったりしますし、あるいはアメリカ人やイギリス人はペラペラと砕けた口語で喋りますので、ますます聞き取れません。ですので、何を質問されているのか理解できないことになり、当然答えられません。単純な数字の言い方さえ日本の学校で習った言い方と違うことがあり、戸惑います。

私が助教になりたての頃、自分の予算で初めて海外出張してオランダに出かけていったときのことです。そこでの国際会議で発表したときの質疑応答は今でも忘れません。講演を大過なくやったあと、質疑応答に移り、聴衆から質問が出ました。その質問者が、

「そのときの試料の温度は“twelve hundred degrees C”なのか？」

ときいてきました。私の頭の中では、12という数字と100という数字がぐるぐるめぐって、この温度がone thousand and two hundred degrees C（1200℃）を意味していることに気がつくまで3秒かかりました。

試料を1200℃で加熱することは、シリコンの結晶を扱う研究者には常識だったので、すぐにこの温度を思い浮かべるべきでしたが、英語をうまく聞き取れるかどうかとビクビクしていた

ので、物理の内容をすっかり忘れていたのです。しかし、英語の細部が聞き取れなくとも、たとえば試料の温度が何度かといったその専門分野の常識的な知識で補完すれば、だいたいの質問は理解できます。それを、英語だけから理解しようとすると、ちょっとしたことでつまずいて暗礁に乗り上げてしまうわけです。また、詳細が聞き取れずとも試料の温度の質問らしいとわかったら、逆に、この試料の温度を聞いているのか、と聞き返しても構いません。自分の講演に対する質問なので、その内容からかけ離れたことなど質問してくるはずはないと考えていいのです。この考え方は、第一近似として正しいので、それを前提に質問を落ち着いて聞きましょう。

学会での講演ではありませんが、国際会議のためにアメリカに出張してホテルにチェックインしようとしたときの話です。フロントの女性から紙を渡され、ここにあなたの「アドラース」を書いてくださいと言われ、「はあ？」と固まってしまいました。「『アドラース』ってなんだ？」と。しかたないので、“What is アドラース？”と聞き返しました。“The place you live!”とその女性は不思議そうな顔をして返事してくれました。そうか、アドレスのことね！　ホテルのチェックイン時に書くことといえば、名前と住所が当たり前だという知識抜きにして、英語だけを頼りに判断しようとするので、こんな悲喜劇が起こるのです。

学会発表での質疑応答でも日常会話でも、英語だけから情報を得るのではなく、そのときの状況を考えれば半分以上の内容はわかるはずなのです。英語でのやりとりでは、英語力だけではなく（日本語での会話もそうですが）、今自分が置かれている状況や話の流れを把握し、「空気を読む」ようなトータル力がものを言います。逆にいえば、ほとんどの人は、そのようなトータル力をすでにある程度持っていますので、英語での質疑応答を怖がる必要はありません。質問の大半は、講演に密接に関係する常識的な内容です。非常に稀に、講演とは関係しない「すっ飛んだ」質問が出てきますが、その場合、講演者がその意味を取れなくとも責められませんので大丈夫です。自分には質問の意味が理解できないとはっきり言えばいいだけです。その場合、座長が助け舟を出してくれるかもしれませんし、そのクレージーな質問で会場が大爆笑になって終わるだけかもしれませんので、気楽に考えましょう。質疑応答に臨む態度は、前に書いた国内学会のときと同じですので、そちらを参照してください。

私が日立の研究所に入ったとき、新入社員には全員、半年間の英会話教室に入ることが義務付けられていました。研究所に英会話教室の先生がやってきて、週に2日間、夕方に90分程度の授業を開講してくれました。その半年のあと、希望者は半年単位で英会話教室を継続してもいいことになっていました。会社が授業料の半分を負担してくれるので、私は結局、その後2回継続し、合計で1年半続けました。半年ごとにクラス替えがあり、先生も変わりました。結局3人の先生に教わったのですが、そのうち2人が外国人、1人が日本人でした。

これを経験してわかったことは、外国人の先生のクラスでは、世間話的な会話をするだけで、英会話のスキルアップには役立たないということです。もちろん、外国人と面と向かって会話することに慣れること、日常会話で使われる独特の言い回しの一端を習うことなどでは得るものはありますが、それ以上のものはありませんでした。

逆に、非常に役立ったのが日本人の先生のクラスでした。そこでは、徹底的にphysical training、つまり口を早く動かすというトレーニングをさせられました。natural speedの英語を話したり聞き取ったりするには、自分がnatural speedで話せないといけない、ということで、発音やイントネーションなど無視して、とにかく、ネイティブスピーカーが話しているカセットテープを聞きながら、それに合わせて自分が同じことを喋るという訓練を半年間やりました。そうすると、不思議なもので、息継ぎのポイントがわかってくるし、そのために自然と構文がわかってきます。英語は日本語と違い、一息でかなり長いセンテンスを言ってしまいます。そのペースとリズムに慣れると、リスニング力もアップしてくるような気がしました。たとえば、

"The book I read last week was very interesting."

を言うとき、The book I read last weekまで一息に言って、そこで少し間をおいて（必要なら息継ぎをして）was very interestingと続けます。そうすれば構文がわかりやすくなり、明快な話し言葉になります。ネイティブの人たちがそのように話していることがだんだんわかってきて、逆に相手の話を聞き取れるようになりました。日本人の講師は、日本人が英会話でどこが弱いのか

知り抜いていますので、非常に役立つことを教えてくれます。英会話クラス＝外国人の講師、は良し悪しです。いずれにせよ、経済的に余裕があるのなら、街の英会話学校に入って、自分に投資してみることを勧めます。そのとき、外国人の講師にこだわる必要はありません。

私は、今でも論文を読むときには、とくにイントロダクションの部分は、声を出して読みます。声を出すことによって、英語特有の息遣いを感じ、スピーキングのトレーニングにもなります。是非、読者の皆さんも実行してみてください。

また、所属する研究室に**留学生や外国人のポスドクなどがいたら、無料の英会話教室というつもりで、積極的に話しかけましょう**。研究上の会話だけでなくプライベートなことも積極的に会話して交流しましょう。英語のネイティブでなければ、**意外と外国人も英語が下手だとわかる**はずです。**日本人だけが下手なわけではない**ということがだんだんわかってくると国際会議でもビクビクしなくなります。「外国人＝英語ペラペラ」というイメージはまったくの誤解です。

第
4
章

若手研究者として

ポスドク・助教編

プロの研究者とは——組織に対して責任を持つ

第2章では、博士号取得がプロの研究者としてのスタートだと書きましたが、一般的には、給料をもらって研究するのがプロの研究者という定義もあるでしょう。それは、博士号のあるなしにかかわらず、スキルの熟達度にかかわらず、です。プロ野球選手やテレビに出てくる歌手が、アマチュアより下手だったとしても、それで稼いでいればやはり彼・彼女はプロと言えるでしょう。研究者も同じかもしれません。

授業料を払って研究していた大学院生時代では、教授や研究室のスタッフからいろいろ教えてもらえることが当たり前だという感覚でいたでしょうが、給料をもらって研究するようになると、他人から何かを教わることは「有り難《がた》い」(普通ではありえない)ことだと考えたほうがいいでしょう。もはや学生という教わる立場ではないので、給料をもらっているにもかかわらず周りの人から何かを教えてもらったときには、本当に心から感謝すべきです。これはどんな職業でも同じことではないでしょうか。

また、研究者は常に新しいことにチャレンジすることが宿命ですので、プロになったからといって「新しいことを学ぶ必要はもうない」などと思っていたら大間違いです。**プロとは、常に新**

しいこと、少しでもより高いところを目指してチャレンジし続ける人のことです。プロ野球選手は毎年毎年自分なりの記録を伸ばそうとチャレンジしており、その努力は引退するまで続きます。これに対して、アマチュアのオリンピック選手は、金メダルをとればある意味終わりです。プロとは常にチャレンジし続ける人なのです。ですので、新しいことや有益なアドバイスは、プロといえども常に取り入れ続けなければなりません。他人から有益な情報をもらったときの「有り難さ」は、「プロ」になってからのほうがよく認識できるものです。

私は前に書いたように修士課程を卒業したあと、博士課程には進学せず、日立の基礎研究所に入り、給料をもらいながら研究するという身分になりました。博士号のないまま「プロの研究者」になったわけです。ですので、研究者として未熟とはいえ、大学院生とは違った覚悟を持たなければならないということを入社早々に気づかされました。

私が配属されたのは、電子線ホログラフィで有名な外村《とのむら》彰博士が率いる電子顕微鏡の研究グループでした。電子顕微鏡といえば、日本の「伝統芸能」と言われるほど歴史と実績のある研究分野で、その実験技術は伝統芸能よろしく師匠から弟子へ綿々と受け継がれ、いわゆる徒弟制度的な色彩を残している分野といえます。私は、「プロの研究者」といっても電子顕微鏡にはまったくの素人でしたので、スキルをゼロから学ばなければなりませんでした。しかし、研究グループの年配の先輩からいきなり言われた言葉は、

「もう学生じゃないんだから、いろいろ教えてもらえると思うなよ。スキルは俺から盗め。俺の横にずっといていいから、俺のやっていることをよく見て技術を盗め」

でした。これには頭をガーンと殴られたようなショックを受けました。これがプロの洗礼というものか、と。電子顕微鏡の実験技術は職人芸の塊ですので、私はこの先輩につきっきりで実験室に閉じこもり、必死に実験技術を「盗み」ました。給料をもらいながら修行させてもらえるとはいい身分だと思うかもしれませんが、結構きつい経験でした。研究所の所長には、

「入社して最初の3、4年は会社から見れば持ち出しだからね。そのあと、ちゃんと会社に返してよね」

と言われたりもしました。

スキルを学んでいる期間は、ある意味、大学院に入りたての修士課程の院生と同じでしたが、上述のような周りの人たちのおかげで、社会人として、プロの研究者としてのプライドが少しずつ私の中で醸成されたのです。日立での体験は私にとってかけがえのない貴重なものでした。

その甲斐あってか、日立基礎研究所での5年間で、ある程度のまとまった研究成果を上げることができました。この外村研究グループは、企業の研究所としては例外的に、会社の儲けとは無関係な学術的研究をメインテーマにしていました。電子顕微鏡で最先端の学術研究をやってみせて学会発表や論文発表をすることによって、日立の電子顕微鏡が大学や研究機関にたくさん売れ

ればいいという、広告塔のような役割がミッションだと自分なりに認識していました。

しかし、もちろん会社内の組織ですから、普通の従業員と同じように就業規則を守らないといけません。徹夜実験などはできないし、実験の調子が乗ってきたからといって週末に出勤して実験することも原則禁止でした。サラリーマン的生活と研究を両立させるという、長い目で見ればとても重要で常識的な習慣をここで身につけました。

大学院生時代は、休日も昼夜も関係なく時間を自分の都合のいいように使えましたが、必ずしもそれがいいとは限りません。時間の使い方は、プロの研究者とアマチュアの研究者との重要な違いの一つではないでしょうか。**プロの研究者は常識的な生活習慣の中で研究を着実に進めるのが大原則です**。ここが一般の人にも誤解されるところです。三度の飯もそこそこに二日も三日も家に帰らず実験に没頭する、などという**非日常的な研究スタイルが通用するのは大学院生まで**です。何十年という長丁場の研究生活を続けるプロは、それではとても体がもちません。

また、学会発表の意義も大学院生時代と違うことに気づきました。私が学会発表しても、それは日立という会社が発表しているという意識が重要だと教え込まれました。この観点は会社だからというだけでなく、もっと一般化すべきことと思います。つまり、大学院生のときには自分個人の学会発表という意識しか持たない人も多いでしょうが、実は、「共同研究者たち一同を代表して発表しているんだ。だから、恥ずかしい発表はできない」という意識がとても重要です。ここがアマチュアからプロに気持ちを切り替えるところかもしれません。とくに大型のプロジェクト研究での成果を発表するときには、そのような意識が大切です。研究データの質だけでなく、スライドの美しさや喋りの言葉尻まで、組織を代表するという観点から再チェックする必要があります。**アマチュアは自分だけに対して責任を持てばいいでしょうが、プロになると、どんな職業でも、自分が属するグループや組織に対して責任を持つようになります。**

日立で5年間を過ごしたあと、私は出身研究室の井野正三教授の助手（今では助教という名称に変更）となって大学に戻りました。井野教授から助手にならないかとオファーが来たとき、日立での研究に一区切りついていたので、5年前に修士卒で就職を決めたときのように「やりきった感」がありました。そこで思い切って「新天地」を求めて、転職を決心しました。

新天地といっても古巣に出戻ったわけですが、しかし、学生として過ごしたときと、助手というスタッフとして活動するのとでは、同じ研究室でも「景色」がまったく違います（研究室の机や装置など、物理的な風景はほとんど変わっていませんでしたが）。もちろん、5年間という短い期間とはいえ社会人の経験も積んでいましたので、大学に着任した当初は、学生や大学の長所短所が見えたりしてちょっとしたカルチャーショックを受けました。

とくに、事務方の印象が真逆になりました。企業では、研究者には研究に専念してもらうために事務方が組織的にいろいろ配慮してくれていましたが、**大学ではまったく逆で、研究者が研究**

時間を削ってまでも事務方に協力して、事務書類の整合性のために右往左往しなければならないと知って驚きました。学生の身分のときにはあまり感じない隠れた現実です。

また、自分の研究内容を説明する話しぶりも切り替えたほうがいいとわかってきました。会社で研究所や工場の人たちに研究内容を説明するときに外村さんによく言われたことは、「電気と電子の違いがわからない人にもわかるように説明しなさい」でした。会社では、量子物理学や半導体物理学の知識を前提にした説明など当然ダメです。正確さは二の次にして、とにかく聞いている人をわかった気にさせる説明をしなさい、と教え込まれました。しかし、大学に戻ってきて、学生たちにその調子で研究内容を説明すると、「なーんだ、そんな簡単な研究をやっているのか」と、学生はすべてわかったような気になってしまい、その途端に興味を失ってしまうようだと気づきました。ですので、学生相手のときには、半分ぐらいは理解できないように研究内容を説明するテクニックを身につけました。そのほうが、学生は「なんだかよくわからないけれど、面白そうなことを研究しているようだ」と思って私の研究に興味を持ってくれるようです。

よくよく考えてみるとこれは当然で、**学生たちは自然の謎に挑むために大学院で研究するわけなので、すべてわかったように説明してはダメ**なのです。実際、すべてわかっていないのですから。逆に、**会社で給料をもらいながら研究しているのに、「まだ謎が解明されていません」**など

という説明をしてはダメなのです。この点も、私が感じた企業と大学との間のカルチャーギャップです。「お客様本位」の説明がやはり重要なのです。

とにかく舞い戻った研究室では、指導を受ける側から、教授と一緒になって学生を指導しながら研究室を盛り上げていく立場に立ったわけです。ですので、自分自身の研究ばかりでなく、大学院生の研究にも目配りして、研究室内で調和をとりながら、一方でプロの研究者としての独自色を出さなければならないというプレッシャーもあります。大学では、指導者と研究者という一人二役を演じなければなりませんでした。

いずれにせよ、私はこのような経緯をたどって、一度はあきらめたアカデミックの世界で生きていくことになったのです。そのため、助手として着任した最初の半年間は、新しい研究テーマを模索することと並行して、日立基礎研究所でやった研究成果をまとめて博士論文を書きました（助手や助教になるには博士号は必須ではありませんが、助教授〔准教授〕に昇進するためには必須なので）。前にも書いたように、博士課程に在学しなくとも「論文博士」という制度を利用して博士号を取得できます。アカデミックの世界で生きていくための運転免許証をまずは手に入れたのです。

しかし、このような私の「プロの研究者」としての初期のキャリアは例外的なケースでしょう。多くの学生は、博士課程まで進学して「課程博士」を取得し、そのあと助教やいわゆるポスドク（博士研究員）になって、アカデミックの世界にプロフェッショナルとして入ります。この場合は、博士号の研究をした研究室から出て、他の研究グループに移る人がほとんどと思います。ときには海外の大学や研究機関にポスドクとして何年間か武者修行に出る人もいます。とにかく、プロの研究者としてのキャリアが博士号取得後から始まります。

博士課程の最終年度になると、多くの学生は、博士論文を書きながら、修了後の就職先、助教やポスドクのポジションを探す「就活」も同時に進めます。ですので、博士課程最終年度は大変忙しい時期で、体調管理も重要なファクターになります。両者を同時にこなすのはとても無理と考えて、博士論文の作成に集中して、就活はそのあとじっくりやろうという学生も少なからずいます。その場合、博士課程を修了しても、ポジションが決まるまでの短期間だけ研究員のような身分で、ほとんど無給で同じ研究室に所属し続ける人もいます。

現在のアカデミックの世界では、ポスドクを経験するのがほとんど当たり前になっています。ポスドクの契約期間（任期）は普通2年程度で、その間に研究成果を上げなければ次のポジションが見つからないという、不安定でプレッシャーのかかる状態だとよく言われます。やっとの思いで博士号をとったにもかかわらず、以後の人生が安泰なわけではありません。

しかし、世間でよくあるネガティブな言説と違って、それほど悲観する必要もありません。あくまでそれは、「末は博士か大臣か」といった古い考えから出た批判的な見方であって、博士と大臣を並べること自体、おかしいことです。研究者のような高度に専門的な職業は、たとえば音楽家や芸術家などと同じで、プロとして一定の修行期間が必要だと考えるのは妥当ですし、その間の生活が不安定なのは研究者に限りません。この「ポスドク問題」に関しては、すでに何冊も本が出版されていますので、そちらを参照してください。

もちろん、ポスドクを経ずに、博士号取得直後、いきなり助教に採用されるというラッキーな学生も少なからずいます。助教は任期付きの場合も任期なしの場合もありますが、ポスドクよりは安定したポジションです。

一方、博士号を取得したからといって、必ずしもアカデミックな世界で生きていくだけがルートではありません。私の研究室での博士号取得者のおよそ半分は、企業の研究所に就職していきました。学術的な研究よりは、製品やデバイスの開発研究など、もっと役に立つ研究をしたいと考える学生が少なからずいるのはまったく健全なことです。第2章で書いたように、博士課程修了者は研究に対する厳しい覚悟ができていますので、実は企業でも高く評価されているのです(もちろん、人によりますが)。そして、会社の正社員になりますので、当然ながらポスドクより安定したポジションです。それも大きな魅力になっています。

余談ですが、私が助手をしていた時期に、博士課程最終年度に、博士号取得、企業の研究所への研究員としての就職、そして結婚を同時に決めた学生がいましたが、これを「三冠王」といって、博士課程の学生たちの伝説となっています。

研究グループ内での微妙な立ち位置——お釈迦様の掌の上から飛び出す

助教やポスドクの身分で、どこの研究グループにも属さずに独立して研究を進める「若手研究者独立制」という形をとっている大学や研究機関は、現在でもまだ少ないのではないでしょうか。もちろん、最近では、アメリカなど海外の大学のスタイルに倣って、大学や研究所によっては、助教やポスドクレベルの研究者でも独立して研究活動をさせているところもありますが、まだまだ少数派でしょう。この若手研究者独立制の功罪はいろいろ議論されているところですが、それはさておき、多くの助教やポスドクは、ある研究グループにスタッフとして所属し、そこの教授やグループリーダーをスーパーバイザーとして研究を進めることが多いのが現状です。ですので、大学院生と見かけ上あまり変わりませんが、見えないところでまったく違います。

大学院生と同じように研究室に属していても、大学院生とは違って、助教やポスドクにはスタッフとしてやるべきことがいろいろあります。教授と一緒になって大学院生の研究を支援するのはもちろんですが、いろいろな場面で研究室の運営を担ったり、あるいは教授が持ってくる学会や研究会の雑用の下請け仕事をしたりと、雑多な仕事がたくさんあります。とくに、大学の学部に属する研究室の助教になると、学部学生の学生実験や理論演習などの教育の義務もあります。

その上で、自分独自の研究も進めて実績を積まないとキャリアのステップアップの可能性が見えてきませんので、自分自身の研究もやらなければなりません。

大学院生は、基本的には教授から与えられたテーマや研究室の従前からやっているテーマに沿った研究をすることが多いでしょうが、助教やポスドクになると、同じ研究室に所属していても、教授の匂いプンプンの研究テーマからなんとか脱却しようともがくのが普通です。そうでないと教授の名前の下に埋没してしまい、自分自身の独自色を出せず、結局、外から――あるいは海外から――「見える（visible な）」研究者にはなれません。ですので、なんとか独自色の出せる研究成果を出したいと思うのは当然です。もちろん、教授が長年築いてきた従来の研究テーマに沿った研究をやるにしても、その研究を格段に発展させるのに決定的に重要な寄与をした、という理由で目立っている助教やポスドクの研究者も少なからずいます。

いずれにせよ、「教授の番頭」「お釈迦《しゃか》様である教授の掌《てのひら》の上で踊る孫悟空」のままではダメで、その掌から少しでもはみ出さないと、一人前の独立した研究者とはみなされません。

独自色を出すといっても、所属研究室の「縄張り」からかけ離れたテーマで研究していては、その研究室に所属している意味がありません。意味がないどころか、もっと深刻な状況になりかねません。所属研究室からまったくかけ離れた研究をやると、研究室で孤立状態となる「研究室内独立制」になってしまい、周りからネガティブに評価され、評判が落ちます。教授と不仲という噂が立つかもしれません。もし、そうなってしまうと、次のステップアップに支障が出ます。ですので、その**所属研究室の強みを活かしつつ自分自身のオリジナリティを出す、という一種の離れ業をやらなければならない**のです。この意味で、研究室での助教やポスドクの立ち位置は微妙で難しいものがあります。ポスドクや助教の時期こそ、研究者その人の本当の力量が問われると言えるかもしれません。

また、ノーベル賞受賞者や大家と言われる研究者の研究歴を見てみると、**博士号取得後5年程度の間に、以後のライフワークとなるテーマの端緒をつかんだ**研究者が多いことがわかります。そして、そのような独創的なアイディアは、所属研究室やそこに在籍する大学院生との競合関係のために、多少窮屈なところからなんとか絞り出されたものが多いように見受けられます。

逆に、たとえば若手研究者独立制の研究機関では、何の制限もなく、独立して好きなことを研究していいですよ、という環境です。これは若手研究者にとってベターなように見えますが、実際は、そううまくいくとは限りません。そのようなフリーな状態になると、たとえば海外の学会やどこかのジャーナルで見た論文のネタを真似した研究を始めてみたり、途方もない夢物語を追いかけてみたりして、結局実りある成果に結びつかない場合が多いようです。

ですので、研究グループに属して、上からも（教授からも）下からも（大学院生からも）揉まれながら、プロの研究者としての研究テーマを模索することは悪いことではないはずです。むしろ**独**

創性は、そのような制約の多い状況から出てくる場合が多いのではないでしょうか。目立った研究者を多く輩出している研究室では、いろいろなテーマを手広くやっているのではなく、むしろ逆に狭い分野に集中して密度濃くやることで、独創的な研究者を効率よく育てているように見えます。ここが若手研究者独立制の功罪について意見が分かれるところです。

私は、出身研究室に助手として戻って、しばらくは独自色の出せるテーマが見つかりませんでしたので、とりあえず、修士課程時代にやっていた研究をなんとか発展させようとしました。私が日立にいた5年間に井野研究室で何人かの後輩たちがそのテーマをある程度発展させていましたので、少し違った方向から同じテーマに挑んでみようと安直に考えました。

しかし、そのうちに新しい別のテーマのイメージが頭の中で明確になってきたので、そのパイロット実験を始めました。その新しいテーマとは、半導体結晶表面近くでの電気の流れ方に関する研究です。日立の研究所に所属していたときに、コンピュータデバイスの開発研究をしていた同期の友人たちが取り組んでいた研究を見ていて、「その研究と井野教授の研究室の実験テクニックを結びつけたら面白いのではないか」という漠然としたアイディアが以前から頭の中にありました。このアイディアをもとに試しにその簡単な実験をやってみたら、思いのほか明瞭な結果が出てきたのです。「これは表面物理学の分野では新しいテーマだ」と思って勢いづいて、さらに本格的に研究するために、そのパイロット実験で得た予備的なデータをネタにして民間企業の財団の研究助成に応募し、１５０万円をゲットしました。その研究費で最低限必要な計測機器などを買い揃えました。現在の私の研究テーマは、この１５０万円からすべてが始まったと言っていいほどで、まさに「大河の最初の一滴」でした。

もう一度書きますが、それは、井野研究室の実験技術を利用し、それに加えて、異なる分野の考え方を取り入れて表面物理学の新しい側面の研究へと結びつけたものです。まさに、お釈迦様(井野教授)の掌に乗りながら、少し掌からはみ出たテーマになったわけです。

研究で自分の独自色を出す方法としていろいろあると思いますが、私が当時やったように、**他の分野の手法や考え方を輸入して、それを自分の専門とうまく結合させる**というやり方がよくあります。異分野融合というほど大げさなものではありませんが、この方法で確かに研究が格段に広がる場合があります。異分野融合というと、異なる専門分野の研究者どうしが共同研究するというイメージが強いと思いますが、実は、そのような場合には単なる「異分野協同」であって、研究の各部分を分担しているだけの場合が多いように見受けられます。真の意味での異分野融合とは、一人の研究者の頭の中で、異なる分野の手法なり考え方をその研究者が独創的に組み合わせてこそ起こるものではないでしょうか。

しかし、当時、私が新しいと思って始めた「結晶表面近くでの電気の流れ方は結晶表面での原子の並び方にどう影響されるのか」という研究テーマは、実は、文献をよく調べてみると、30年も前の1960年代にドイツのあるグループが着手していたことがあとでわかってきました。ですので、古い論文を図書室で探し出しては読みあさるという時期もありました。そのテーマは、表面物理学の研究の流行が別の方向になってしまって、いつの間にか忘れ去られてしまったものでした。図らずも、それを私が現代的なスタイルや良質の試料を使ってリバイバルさせたのです。

実は、その数年後、そのドイツの教授とは仲良くなって、井野教授の知人であったこともあり、何度もドイツの研究室を訪問して議論などをさせてもらいました。また、彼がサバティカル（大学教員などがとる長期研究休暇）のときに、東京の私の研究室に数ヵ月間滞在するほど親密な交流をすることになったのです。そのドイツの教授は、「自分が昔ちょっと手がけた研究が、30年近い時を経て遠い極東で息を吹き返した」と大変喜んでいるのがわかりました。

この新しいテーマは井野教授も気に入ってくれましたので、卒業研究に相当する学生実験として井野研究室に配属になってきた学部4年生の研究テーマにしてくれて、学生と一緒に研究をやらせてもらいました。2年ほど経つと、修士課程に入ってきた大学院生のテーマになり、さらに数年後には、井野研究室の大学院生のうち2名がこのテーマで研究して博士号をとっていきました。このように、自分が興したテーマがどんどん膨らみ、所属している研究室の大学院生を巻き込んで広がりを見せてくると、もうお釈迦様の掌から飛び出した孫悟空状態になり、独立研究者と認められます。「守破離」の「破」の段階に達したわけです。

そのテーマが自分自身のテーマとなって、学会や国際会議での招待講演の依頼が、教授ではなく自分に来るようになればしめたものです。そうなると、助教やポスドクレベルから准教授レベルの段階にステップアップする準備が整い始めたといえます。

自分自身が教授になった現在では逆の立場にあります。私の部下である助教やポスドクが、私の研究室に基盤を置きながら今までにない新しいことを開拓し、まさに私の掌の上から飛び出して、アカデミックの世界で認められ成長していく様子を横から見ているのは嬉しいものです。

並列処理——長期戦略を持って、小さな獲物をとる

前にも書きましたが、ノーベル賞受賞者や老大家などの講演を聞いたり、学会誌などに書かれた記事を読んだりすると、

「大きな研究成果を上げるためには、その分野でなるべく重要な課題にチャレンジすることだ。瑣末な課題を研究してもインパクトある成果は出せない」

といった話がよく出てきますが、これはとても危険なアドバイスです。このような言葉を真に受けて、自分の専門分野で最も重要な研究課題に集中して研究し始めたりしたら、なんの成果も出

ないのは必定です。助教やポスドクの時期に、大きな研究テーマに挑んで何年も論文を書けないことになったら致命的です。

だいたい、**重要な研究テーマは多くの場合難しいテーマ**です。そう簡単には解けない問題だからこその分野で重要なテーマとなっているわけで、それを**自分だけが解けるなどと考えるのは、第一近似として間違っています**。ましてや、そのようなテーマは多くの研究者が関心を持っていますので、ライバルに出し抜かれる可能性も高いと考えなければなりません。他の研究者に先を越されたら、何年にもわたる努力は水泡に帰し、ポジションも失うことになるでしょう。そのような状況に突っ込んでいくのは、プロとしてあまりに戦略性に欠けます。もちろん、だからといって、研究者として重要な研究テーマを見過ごすことはできません。

また、違った理由で何年も論文を書けない場合もあります。たとえば、新しい実験装置を設計して製作、立ち上げるというフェーズは1、2年かかることもありますが、その間、何も論文を書けないのでは困ります。さて、どうしたらいいのでしょうか。私なりのアプローチの仕方を二つ述べます。

①　一つ目のやり方。「小ネタ」の研究も並行して進めながら、重要で大きなテーマに時間をかけて取り組むことです。**プロの研究者は毎年、少なくとも1、2本の論文を出さなければ**

なりません。コンスタントにアウトプットが見込まれる小ネタ、従来の研究の延長線上の研究、枚挙的なテーマ、あるいは他グループとの共同研究などで「日々の糧《かて》」を稼ぐことを勧めます。そのような「並列処理」をすれば、「日々の糧」を稼ぐだけでなく、自分の研究の幅を広げ、また、大きなテーマにコケた場合にもダメージを最小限に食い止めることができます。このような「引き出し」をたくさん持っている研究者が伸びていくのです。さらに、小ネタと思っていたテーマでも、追究するうちに広がりが出てきて、大きなテーマに成長することもありますので侮れません。そうこうしているうちに、もともと狙っていた大きなテーマでも成果が出始めるかもしれません。そうなれば左団扇《うちわ》です。

②もう一つのやり方としては、重要で大きなテーマが、いくつものステップなり小さなブロックに分割でき、それぞれの単位で論文にできるまとまった成果が期待できるのなら、真正面からそのテーマに取り組んでもいいかもしれません。最初から研究の全工程を構想して研究できることはほとんどありませんが、大きなテーマに向けた要素技術の一つを発明したとか、必要とされる分解能《ぶんかいのう》や寿命の問題を解決したとか、**大きなテーマに向かって小さな成果を積み上げていける場合には、それぞれのブロックの成果を論文として発表できますので、コンスタントなアウトプットが望めます。**大きな装置を建設する場合、たとえば検出器を設計・製作してその性能を評価した結果は、装置全体が未完成でも一つの論文としてまとめる

ことができるかもしれません。論文のイントロダクションの中で、究極的な目標に至る道筋のうち、この論文で報告する成果の位置づけを明確に述べれば、有意義な論文となります。

研究者でもアーティストでも、どんなクリエイティブな職業でも、自分の理想ばかりを追い求めていたのでは干上がってしまいます。生活の糧を得ながら自分が本当にやりたいことを追い求めるには、戦略性が必要です。

筋の通った「作品群」を作ろう

研究者とアーティストというアナロジーからもう一つのアドバイス。

研究者も小説家も音楽家も歌手も、1編の論文や1件の特許、デビュー作の小説や楽曲だけでは、プロとしての評価はほとんどありません。いわゆる「一発屋」という言葉があるように、「大ヒット」のあと「鳴かず飛ばず」という例はどの分野でも見られますが、そのような人はプロとして高く評価されないということはうなずけるでしょう。もちろん、生涯に1編しか論文を書かなかったけれど、それが大発見を報告するもので、その成果だけでノーベル賞を取ったという研究者は歴史上何人かいますが、そのような例を目指すべきではありません。博士論文の研究で素晴らしい成果を上げて将来が期待された若手研究者が、そのあと、あの人は今どうしているのだろう、という例も知っています。

プロの研究者としてある程度認められてうまくやっていくには、ノーベル賞級とは言われなくとも「それなりの質」の論文を1編だけでなく、「それなりの数」書かなくてはなりません。しかも、それら多数の論文に一本の「筋」が通っていると、評価はたいへん高くなります。

ベートーベンがたとえば「運命」だけしか残さずに消えてしまっていたら、この作曲家はいったい何者だったのかと、一種のミステリーとして音楽史に残っただけでしょう。一連の交響曲（だけではありませんが）の作品群を残したからこそベートーベンという作曲家の存在があれほど大きくなっているわけです。最近読んだ村上春樹著『職業としての小説家』にも同じ趣旨のことが書いてあるのを発見し、自分の考えが間違っていないと確信しました。同書は、「ある程度のかさ」の作品を残さないと評価の対象にならないという趣旨を強調しています。

研究者も同じで、きっかけとなる成果を初めて報告する論文から始まり、それをさらに拡げると同時に深めて総括的成果にまとめあげる論文、さらには、その応用展開をやってみせて多様な側面に光をあてる研究の論文、といったように、一つの「モチーフ」から始まる一本の「筋」がスーッと通った一連の論文群を出すことで、プロの研究者として着実な評価を受けることになります。特許でも、基本特許のあと何本もの関連特許を出して網羅的に関連技術を押さえておくことで、その重要性が倍増します。

あるいは、一見するとつながりが見えないいくつかの研究論文でも、研究の全貌が見えてくるに従って、その研究者がやりたいこと、目指していることが次第に見えてくるといった場合もありますが、そのような研究者も極めて高く評価されます。これに対して、さまざまなテーマであっちこっち「食い散らかす」だけで終わってしまうような研究論文を発表していると、「この人、いったい何を目指して研究しているんだ?」と、評価が定まりません。

中心となるテーマに自分の軸足をしっかりと置き、もう一方の足をさまざまな方向に踏み出して研究を拡げていく、という形を意識して研究テーマを選び拡げることが大切です。第1章で、研究は自己表現であると書きましたが、ある程度「筋」の通った多数本の研究論文によって自己表現が可能となります。

大学院生の兄貴・姉貴として――本音の付き合い

教授は、年齢的にも立場的にも大学院生から相当な距離があるので、どうしても大学院生と率直な意見交換ができないという面があります。これに対して、助教やポスドクなどの若手スタッフは、つい最近まで同じ大学院生だったこともあり、兄貴・姉貴のような雰囲気で大学院生と接することができ、大学院生と胸襟《きょうきん》を開いて議論や相談などができることも多いことでしょう。

自分も博士号をとったらこうなるのかと、**良くも悪くも大学院生の最も身近なロールモデルとなるのが若手スタッフ**です。ですので、若手スタッフからの助言や情報を、大学院生は親近感をもって受け止めている場合が多いようで、研究室運営上、教授と大学院生の間をつなぐ重要な役割を担うことになります。もちろん、研究上の相談だけでなく、恋愛やアルバイトなどプライベートな相談も気軽にできる若手スタッフは、大学院生にとって非常に貴重で身近なアドバイザーとなります。

大学院生の研究の指導に関しても、教授と若手スタッフは違ったやり方をするのが良いでしょう。教授は、いわば大学院生と真正面に向かい合って研究指導します。指導教員として大学院生に学位をとらせるのが最も重要なミッションですから当たり前です。これに対して、助教やポスドクなどの若手スタッフは、そのような責任はありませんので、大学院生を手とり足とり指導するというよりは、**自分の研究ぶりを大学院生に見せて「背中」で語る**ような形にするのがいいのではないでしょうか。これまで書いているように、若手スタッフは、自分自身のキャリアアップのために独自色を出す研究をしようともがくわけで、その**奮闘している姿を大学院生に見せること自体が大学院生に対する重要な指導・教育になっている**場合が多いと感じます。そのような若手スタッフの姿を見て、それに憧れる大学院生もいれば、それに嫌気がさしてアカデミックコミユニティから去っていく大学院生もいるでしょう。どちらの場合でも、若手スタッフの現実の姿を目の当たりにする体験は、大学院生にとって重要な教育となるはずです。

私が助手（今でいう助教）だった頃、博士課程のある大学院生が就活で悩んでいました。どこの会社に入ったらいいのかわからない、何を基準に会社を選んだらいいのかわからないというのです。私が日立にいたこともあり、その学生は、企業の研究所の見学や面接、適性試験など、ことあるたびに私に雑談的に話してくれました。その中で極めて印象的なことを言いました。

「会社には偏差値がついていないんですか？　偏差値がついていれば、なるべく偏差値の高い会社を目指して頑張るんですがね」

就活に疲れて思わず出た言葉でしょうが、この言葉にはひっくり返ってしまいました。いずれにせよ、そのような気軽な相談を学生から受けて、ときには単なる愚痴を聞いてやって、大学院生の研究室ライフを実質的にサポートするのが若手スタッフの重要な役割と思います。教授は、そのような細かいところまで目が届かないし、逆に細かいところまで目配りし過ぎると学生から煙たがられます。

私の助手時代のエピソードをもう一つ。教育に関する助手の主なミッションは、学部3年生の学生実験を担当して指導することでした。私は井野研究室の得意とする「電子回折」の初歩的な実験を担当していました。実験にやってきたある3年生に、電子回折の装置を使って実際の画像を見せながら、その理論的なことを説明していたときの会話です。

「この美しい回折パターンの画像は、量子力学のシュレーディンガー方程式を解いて計算すると説明できるのですよ。この方程式が、こんな風に実際に目に見えるんですね。面白いでしょう」

しかし、その学生はその画像にも私の説明にもまったく興味を示さず、ボソリと言いました。

「当たり前じゃないですか。何が面白いんですか」

この言葉にもひっくり返ってしまいました。物理学の分野では、専門が理論と実験にはっきり分かれていますが、ときには実験にまったく興味を示さない理論志向の強い学生が少なからずいます。上記の学生はその典型例で、「実験結果はすべて理論で説明できるので、わざわざ実験をやる意味を感じない」といった極端な学生でした。しかし、ここで言いたいのは、そのような学生を批判することではなく、**学生たちの率直な意見や考え方を直接聞けるのが助教という立場の特権**だということです。このような学生でも教授に対して直接そのような不遜《ふそん》なことを言うはずはないでしょうから、なかなか貴重な意見だと今でも記憶にとどめています。

研究室での若手スタッフは、教授では手や目の届かない箇所まで手が届いて情報を得たり指導したりでき、教授とはある意味相補《そうほ》的な役割を演じることができます。これは非常に実りある成果（それは研究に限りませんが）を生み出すことになります。その意味でも、若手スタッフと教授との密接な意思疎通とコラボは欠かせません。

研究費をとってくる――「ホップ・ステップ・ジャンプ」で

「プロの研究者」は給料をもらうというだけではありません。研究費を自分でとってくるという行為によっても、アマチュア研究者である大学院生と差別化できるかもしれません。

大学院生までは、ほとんどの場合、指導教員である教授の研究費を使って研究しています。助教・ポスドクになると、教授やグループリーダーが主宰する研究室に所属していても、自分自身の研究費を申請して採択されれば自分自身の「財布」を持つことが可能ですので、それにトライすることが重要です。自分の研究費があれば、自分独自のカラーを出しやすくなります。

私は、助教になって、生まれて初めて書いた申請書によって研究費を獲得しました。それは、前にも書いたように、ある民間企業の研究助成財団からの150万円でした。その記念すべき最初の研究費によって、実験に必要な機器だけでなく、自分専用のパソコンやプリンター、それに入れるソフトウエアなどを買い揃えました。この研究費によって得た成果を、アメリカ物理学会が出版している学術ジャーナルに論文として載せることができました。日立から舞い戻ってきて復帰第一号の記念すべき論文となりました。

もちろん、この研究費で買った機器だけでは実験はできず、井野研究室にすでにあった機器と組み合わせる必要がありました。とくに、表面物理学の分野では必須の真空装置を使ったのですが、それは２０００万～３０００万円もする高価なものなので、決して１５０万円だけで成果を出せたわけではありません。これが良い例ですが、プロの研究者となった若手研究者が、どこかの研究グループに所属して研究をすることのメリットの一つがよくわかります。独自色を出すにも、所属グループの既存の設備・ノウハウを活かせば最も簡便です。

　これに対して、若手研究者の段階で完全に独立して研究を始めると、研究設備がゼロの状態から始めなければならないので、私の場合のように簡単にはテイクオフできません。独立研究者といえども、自前で研究設備が整えられない場合、共通に使える設備が整備された研究環境が必要となります。

　民間財団からの１５０万円の次には、日本学術振興会からの科学研究費補助金（科研費《かけんひ》）として３００万円ほどの研究費をもらい、2年後にはまた科研費で８００万円ほどの少し大きな研究費をもらうことに成功しました。そして、助手に着任後4年経った頃、科学技術振興機構で始まった「さきがけ」という研究プログラムから３０００万円の研究費をもらうことができました。すべて、結晶表面近くでの電気の流れ方と原子の並び方の関連性を明らかにするという、独自に始めた研究テーマです。さまざまな結晶の表面を試料として使って、温度を変えたり磁場を加えたりする装置を作り、いろいろな側面から研究を拡げました。研究費の金額だけをみると、まさにホップ・ステップ・ジャンプと階段を駆け上がったようにみえます。これができたのは、やはり、井野研究室の実験設備を活用できたからで、それがなければとても無理でした。

とくに最近の実験研究では、世界トップレベルの研究をするためには、数千万円から1億円を超えるような非常に高価な実験装置が必要な場合があります。しかし、助教やポスドクといった若手研究者がいきなりそのような高価な装置を持つのはほとんど不可能です。かといって、世界トップレベルの研究をしなくていいかというと、そうではありません。研究者としてステップアップしていくためには、常に世界トップを目指さなくてはなりません。

その打開策として、当時の私のように所属研究室の設備を利用する方法が一番手っ取り早いのですが、他に、所属している大学や研究機関で共用に供している実験設備を備えているところもありますので、それを利用する方法もあります。また、シンクロトロン放射光施設や神戸にあるスーパーコンピュータ「京《けい》」などの大型計算機センターのように、全国的な共同利用を目的にしている施設を備えた研究機関もありますので、使用申請の上でその設備を使うこともできます。あるいは、最も頻繁に見られるケースとして、他の人を共同研究者として加え、その共同研究者が持っている設備を利用させてもらうという方法もあります。

とにかく、**「金を使わず頭を使う」ことを若手のうちに学びましょう**。若手のうちから恵まれすぎた環境で研究費も潤沢なグループに所属して研究していると、知恵を絞り出してなんとか状況を打開するという、研究者として一番重要なことを学べない不幸があるかもしれません。

助教やポスドクレベルの若手研究者が、億近い研究費の申請書を書いたとしても、認められることはほとんどないでしょう。研究費の申請書の審査を経験した立場からいうと、研究内容の観点だけからでなく、その申請者の過去の実績――研究実績だけでなく、研究マネジメントの実績も含めた実績――を見て判定されます。過去に数百万円程度の研究費しか扱った経験のない若手研究者に、いきなり億近い金額の研究費を任せるのはリスキーだと審査員は考えます。ですので、研究費はいきなり大きなものを狙わずに、ステップを踏んで徐々に大型の研究費を獲得していくのが常道です。また、それに合った研究内容を考え出します。**ウン千万円ないと研究できません、などとゆめゆめ考えてはいけませんし、言ってもいけません。**

助教やポスドクレベルの若手研究者に対して、ノーベル賞級の壮大な研究計画を要求しているわけではないので、**2、3年の研究期間内で実現可能な研究計画を書くべき**です。あるいは、たとえ壮大な目標であっても、それをいくつかのステップに区切って、2、3年の間に要素技術的なほどほどのサイズの成果がまとまるというストーリーのある申請書でなければなりません。

申請書は、論文というよりプレゼンを準備するときの気持ちで書きます。つまり、専門の違う研究者に対するプレゼン（第3章で定義したタイプ(b)のプレゼン）と同様の配慮をしましょう。なぜなら研究費申請書の審査員は、やはり同じ研究者ですが、必ずしも同じ専門分野の研究者ではないからです。論文で書くような当該分野固有の細かいことは省略し、一般的な言葉でその研究のポイントと重要性、面白さがわかるように書かなければなりません。

研究費の申請書は、まず冒頭の5、6行が勝負です。そこだけを読んで、何をどこまで研究するのか、それがいかに重要なテーマか、そして、自分こそがその研究を遂行するのにふさわしい研究者であるということがわかるように書かなければなりません。なぜなら、限られた期間（通常1ヵ月程度）の間に、審査員は100件を越える申請書を、自分の研究や他の仕事の合間をぬって審査しますので、とにかく時間がないからです。

よくある悪い申請書のパターンとして、冒頭で、提案している研究の背景を長々と書き、自分がやってきた研究の成果をこれまた長々と自慢し、その後、やっと今回提案する研究の内容と重要性の記述が出てくるものがあります。肝心なところにたどり着くまでに審査員はイライラし始め、「この人、一体何をやりたいんだ?」と険悪な気持ちになってしまうこと必定です。

申請書の審査員の目線の移動は、論文を見るときと似ています。つまり、申請書の冒頭の数行を読み、次に、申請書の本文を読まずに図やグラフを見て、それから論文リストや過去に取得した研究費などの実績表を見ます。そして最後に本文を読み始めます。ですので、論文と同じように、論文でいうアブストラクトにあたる冒頭の数行と図・グラフで審査員の興味を惹きつけて好意的な気持ちにさせてから本文を読んでもらう、といった「心理操作」ができれば、かなり採択の確率が上がります。いい加減な審査だと思うかもしれませんが、**採択されなかった場合には、審査員が読みたくなる申請書を書かなかった申請者のほうに責任があります。**

今まで申請書を審査してきた私の経験から、印象の悪い研究費申請書の例として次のようなタイプがあります。

・**焦点が絞られていない。**数百万円の研究費なのに、壮大な研究構想を書いてみたり、当該分野の現状と一般的な問題点だけを並べ立てたりといった記述だけの申請書で、本人が何をどこまでやるのか、よくわからない内容になっている。

・**実現可能性の根拠が示されていない。**興味深い研究テーマを提案しているにもかかわらず、それを本当に実現できるのか、あるいは、なぜ自分が実現できる研究者なのか、根拠が示されていない。予備的な実験をやってみたとか、既存の装置やプログラムをこう改良すれば実現できるとか、何か具体的なエビデンスを示してくれないと安心して研究費を渡せない。

・**ストーリーが細すぎる。**研究を複数のステップに分け、それぞれがうまくつながった場合に限って成果が出る、といった「綱渡り」のような内容の申請書。ステップのうち一つでもコケてしまうと、全体が破綻してしまうストーリーになっている。もっと「骨太」のストーリーで、どう転んでもある程度の成果が出る形の提案のほうが安心して良い点をつけられる。

・研究費の使い方のバランスが悪い。ある程度大型の予算なのに、小型の予算をいくつか組み合わせたような計画になっている。それなら、大型の予算を申請する意義がなく、複数の小型の予算を別々に申請すればいい。

申請書でもう一つ重要なのが実績の部分です。過去の研究業績、論文リストや学会発表のリストなどは非常に重要で、さらに、過去に獲得した研究費のリストも重要です。しっかりとした過去の実績があれば、審査員は「今回の研究費でも確実に成果を出してくれるだろう」と安心して良い点を付けられます。それに反して、提案している研究内容が非常に興味深いのに、過去の実績がほとんどないという申請書の場合、審査員は、「どうせどこかのジャーナルか国際会議で仕入れてきたネタでの研究提案だろうから、あまり成果は期待できないな」と判断するかもしれません。すなわち、提案研究の内容と申請者の過去の実績はペアとして審査されるのです。小規模の研究費の提案なら過去の実績のウエイトは低く、ほとんど提案研究内容だけで判断されるでしょうが、金額がある程度大きい研究費の申請になると、過去の実績がウエイトを増してきます。

研究費の申請書を書くときのとっておきのトリックを教えましょう。申請書を書くときは、**自分ですでにかなり進めてある研究内容で申請する**といいでしょう。「すでに研究している内容で新しく研究費を申請するなんて、どういうこと?」と不思議に思うかもしれません。そこがトリックです。すでに進めていてある程度成果が出ていれば、その成果を少しだけ申請書で紹介し、「これはあくまでも予備的な研究の結果であり、この研究費が採択された暁にはもっと系統的に研究して研究構想全体を完成させたい」という調子で申請書を書くのです。

そうすると、研究計画の実現可能性を、説得力をもって強調できるし、非常に具体的で焦点の絞れた研究計画になります。当たり前です、すでに結果が出ているのですから。しかし、審査員は「この研究に取り組む準備が整っていて、研究目的の実現可能性が非常に高い」と解釈して、大変良い印象を持ちます。そして何より、ある程度の成果がすでに出ていますので、研究終了時に書かなければならない研究報告書のことはほとんど心配ありません。

そして、**首尾よく研究費がもらえたら、その研究費で何を研究するかというと、さらに次の研究費申請書のネタとなる研究をする**のです。ここがミソです。このようなちょっとした「前倒し型自転車操業」をすると、精神的に余裕ができますので、オススメです。これによって研究費が途切れることなく、次々と研究費を乗り換えてやっていけます。試してみてください。

学会で目立つ——未来の雇い主にアピール

第3章で、大学院生のときには学会発表をうまく利用して修士論文や博士論文の完成に役立ててほしいと述べましたが、博士号を取得してポスドクや助教になっても学会発表が重要であることには変わりありません。なるべく頻繁に成果を発表しましょう。しかし、その目的は大学院生と違います。もっぱら**自分の存在と能力を、他の教授やシニア研究者など将来の雇い主になるかもしれない人たちにアピールし、次のポジション獲得の下地作りをする**という目的です。

前にも書きましたが、学会は「研究者オーディション」なので、教授たちは、自分の研究室の助教を探しているときや所属学科で若手の准教授を募集しようとしているときなどには、目立つ若手研究者を学会で探しています。でも、いつも探しているとは限りませんので、継続的に学会発表することが大切です。「あの分野には、あの元気のいい若手研究者がいるな」という印象を教授たちの目にあらかじめ焼き付けておくことが重要です。

期待される発表のレベルも大学院生とは違ってきます。学生のときには見逃されていたこともプロの研究者になれば厳しくチェックされます。実際に私が日立にいたときのボスだった外村さんに言われたことですが、自分の研究のすばらしさを先行研究と比較して強調するときに、

「先行研究は、こんなにダメでした。それに比べて私の研究はこんなにすばらしいです」といった表現はNGです。自分の研究のすばらしさを強調するときに、ダメな先行研究と比較しても自分の研究のすばらしさは伝わってきませんし、先行研究をこき下ろしたのでは非礼以外の何ものでもありません。

「先行研究は、この点ですばらしかったのですが、私の研究はもっとすばらしいです」といった言い方をしないといけません（もっとも、自分の研究を自分ですばらしいと言うのははばかられますので、単に「この点が改善されました」のような言い方にします）。このような配慮をすべき場面はいたるところにあるはずです。**科学者、研究者といえどもプロになれば礼儀正しくしましょう。**

また、未来の雇い主になるかもしれない教授やシニア研究者たちに自分をアピールするためには、**発表だけでなく、他の講演者の発表に対する質疑応答を利用する**ことが有効です。つまり、気の利いた質問、本質をついた質問などを頻繁にしていると、いやでも教授たちの目に止まります。その質問も、**教授や准教授レベルの先輩格の講演者には挑むような質問をして、逆に、大学院生らしき若手の講演者には教育的な質問などをして使い分けると**、印象が格段によくなります。大学院生を試すような意地悪な質問もときにはいいでしょうが、度を過ぎるとマイナスです。もちろん、いきなり発表の結果を否定するような言い方の質問・コメントはいけません。

「○×を考慮すると、今回の結果の解釈としてあなたが提案されている解釈とは違い、△□のような解釈ができるのではないでしょうか」

といった紳士的な言い回しが必要です。

また、よくあることですが、一つの講演が終わったあと、座長が立ち上がって、「ただ今の講演に対して質問やコメントはありませんか」と聴衆に問いかけたとき、シーンとなって誰も手を挙げないときがあります。5分間の質疑応答の時間でどうやって間をもたせるかと座長は困ってしまいます。そのとき、スッと手を挙げてくれる人がいると座長としてはホッとして、すかさず指してくれ、その質問者にはとても感謝するはずです。ですので、**質問が出ない講演に対して積極的に質問すると、あいつは空気の読める研究者だな、とシニア教授などに好印象を持たれます。**そのような気配りはプロの研究者として生きていくためには必要です。

学会ではいろいろな分野のセッションが同時に並行して開かれていますので、自分の専門分野のセッションだけに出席するのではなく、関連する別の分野のセッションにもときどき顔を出して周辺分野の情報を仕入れることも、大学院生のときには考えなかった重要なポイントです。そこでは馴染みのない話題が発表されていたりして新鮮ですし、ひょっとして自分の研究に取り入れられる手法や試料などが見つかるかもしれません。あるいは、別の分野の考え方にインスパイヤされることもあるでしょう。別の分野の研究発表を見て、「自分だったらもっと良い方法で研究できるのだがなあ」とすぐに新しい研究のネタを思いつくときもあります。あるいは、自分の手法が応用できる研究対象を扱っている発表を見れば、休憩時間にその講演者に近寄って、共同研究しませんか、と持ちかけることもできます。そのようにして研究の幅を拡げるのも一つの手です。

このように、**同じ学会に出席していても、プロの研究者は学会を多面的に利用します**。そこが、大学院生だった頃と違います。教授やボスの掌の上から飛び出すには、このような地道な努力の積み重ねが必要です。

助教やポスドクレベルになって当該専門分野で存在感が出てくると、セッションの司会（座長）を依頼されることもあります。そのセッションでの司会進行を担い、質疑応答の交通整理をして、プログラムをスケジュール通りに進行させるのがミッションです。それだけでなく、PCとプロジェクターの接続の不具合への対応やマイクの具合、部屋の照明と空調の調節など、その部屋のすべてに関して取り仕切る責任が座長にはあります。

座長をやると、たとえば、同じ時間帯に他の部屋で並行して開かれている興味あるセッションに出席できなくなるというデメリットがあります。しかし、座長をやるということは、その分野で一人前の専門家であると認められることなので、**座長依頼が来たら喜んで引き受けましょう**。研究者コミュニティではボランティア精神が重要で、少しぐらいの犠牲は払っても、それ以上に得るものがあります。**座長をやっていると、大学院生などから尊敬の眼差しで見られるようにな**

りますし、未来の雇い主の目にとまる確率が上がります。また、前述のように、一つの講演のあと質問がまったく出ない場合には、座長自身が質問の口火を切ることも多いので、そのときに、的を射た質問やコメントなどをすると、ますます存在感をアピールできます。

ポスドクや助教レベルになると、国際会議での発表も積極的にやるべきです。とくに、自分自身の研究費を持っている場合には、海外出張の旅費を自分で工面できますので、教授の顔色をうかがわずに国際会議に参加できます。もちろん、学生実験などスタッフとしての職務に支障をきたす場合、出張期間中の対応は教授やボスとよく事前に相談してから参加申し込みをしてください。国際会議でも国内学会と同様に発表や質疑応答、休憩時間でのコミュニケーションなどを活発に行い、人脈を国外まで拡げてください。また、国内学会で顔を合わせても親密にならなかった日本人研究者とも不思議なもので海外では仲良くなりやすく、国内人脈も海外で作れることがあります。とにかく、**自分の研究費があるのなら、最低でも年1回程度の海外出張の旅費を計上しておくべき**です。

独自色の出た研究がいくつかの論文で知られるようになると、国内学会や国際会議で招待講演のチャンスがめぐってきます。招待講演は、特定のトピックスに関して目立った業績を上げている研究者がプログラム委員会によって選ばれますので、大変名誉です。ですので、**招待講演の依頼が来たら、どんなに遠い不便な国での会議でも、可能な限り引き受けるようにしましょう**。そして、その講演の準備とリハーサルは入念に行ってください。一度、すばらしい講演をすると、その場にたまたま居合わせた他の大御所の先生などが他の会議のオーガナイザーになったときに、再び招待してくれることがあります。**招待講演はこのように「連鎖」していく**ものです。逆に、招待講演のチャンスを与えられたにもかかわらず**残念な講演をしてしまうと、次の講演依頼は来なくなる**と思ってください。

残念な招待講演とは、単にプレゼンが下手だということではなく、第3章で書いたタイプ(a)のプレゼンになっているということです。国内学会でも国際会議でも、一般講演はタイプ(a)のプレゼン、つまり、自分と同じような知識や関心を持った聴衆を想定したプレゼンでいいのですが、招待講演になると、タイプ(b)のプレゼンにする必要があります。つまり、招待講演を聞きにくる聴衆は、その分野やそのトピックスの歴史的発展や位置づけなどのオーバービュー（概観）を知りたいと思って来る研究者が多いもので、必ずしも自分と同じ知識と関心を持っている聴衆、あるいは最新の成果の詳細を知りたいと望んでいる研究者とは限りません。

ですので、**前提知識のレベルを少し下げ、分野やトピックスのオーバービューのために講演時間の半分程度を費やし、後半の半分を自分の最新の研究成果の発表に当てるべき**です。このような**「お客様本位」のプレゼンにするべき**ということは、第3章で書いた通りです。プロの研究者になると、このような「使い分け」ができるようになってほしいものです。招待講演の実績は、准教授などにキャリアアップするときの重要な資料になります。

学会での招待講演と並んで、当該分野での地位を固める重要な手段がレビュー論文（総説論文）です。レビュー論文には、多数のオリジナル論文で報告された成果の関係性などを説いて、何がどこまで明らかになったのか全体像を示し、さらに当該分野や当該トピックスの将来を展望する役割があります。このレビュー論文をジャーナルの編集委員から依頼されるということは、「そのトピックスに関して、ある程度の権威者と認められた」という意味ですので、大変名誉なことです。ですので、何はさておき、ありがたく招待を受諾してレビュー論文を書きましょう。学会での招待講演をジャーナルの編集者などが聞いてレビュー論文を依頼してくることがありますので、招待講演はその意味でも重要です。

レビュー論文のような「後ろ向き」の論文は書きたくない、オリジナル論文だけで勝負するんだ、という研究者も少なからずいますが、私は機会があれば積極的にレビュー論文を書くべきと考えます。英語のジャーナルのレビュー論文は大変価値があり、引用されることも多いので、研究者としての知名度を上げるのに大きく貢献します。日本語ジャーナルでの総説論文は、レビュー論文としての価値はあまり高くありませんが、国内における他の分野の研究者にも自分の存在をアピールできる絶好のチャンスなので、執筆を依頼されたら面倒がらずに書くべきです。これらレビュー論文は、オリジナル論文と同じように研究業績としてカウントされますので、キャリアのステップアップのときに役立ちます。

海外留学するならこの時期を逃すな

今では、学部時代に1年間程度海外留学する学生も珍しくなくなってきました。大学院生になると、共同研究や実験のために、2、3ヵ月間海外に滞在する機会も増えてきます。

あるいはもっと長く、2、3年間、海外での研究経験を積みたいと思う研究者は、博士号を取得したあとポスドクとして海外に出る人が多いでしょう。ひと仕事終えて博士号をとり、自分の研究のスタンスがある程度固まり、それを軸足にして海外に出て少し研究の幅や経験を広げてみようと思うのは、アカデミック・キャリアを積むのに望ましいことです。この時期を逃すと長期の海外滞在は難しくなります。准教授レベルになって自分の独立した研究グループを持つようになると、自分の学生や部下を国内においたまま海外に長期滞在できませんので。

私は長期で海外留学する機会をついに逸してしまいました。共同実験のためにドイツに2週間滞在したのが最長の海外滞在です。助教として研究に専念しているうち、准教授に昇任してしまって自分の研究室を立ち上げ、大学院生が入ってきたので、そうなるともう長期の海外留学は無理です。

同じ学科の同僚の教授たちは2、3年の海外ポスドクを経験している人がほとんどで、人によっては10年以上海外で過ごした先生もいます。私のような教授は例外と言えます。ですので、自分をよく自虐的に"home-made professor"と言っています。ただ、その裏には、外国帰りの教授には負けないだけの海外人脈を持っているぞとの自負もありますが。

具体的な留学先の選び方としては、博士号取得後にポスドクとして海外留学するのなら、自分の専門分野で有名な海外の研究グループの三つや四つは論文を通じて知っているはずですので、まずは、その中からアタリをつけるのが妥当でしょう。そのグループのボスと国際会議などで会って直接話したことがあるのがベストですが、そうでなくとも自分の指導教員がそのボスを知っているはずですので、紹介をお願いするといいでしょう。研究の幅を拡げるという観点から、同じ専門分野であっても、自分が今までやってきたこととは少し毛色の違った研究をしているグループを勧めます。また、ポスドク期間の給料は、日本学術振興会の「海外学振」制度などを利用して自前で調達できるのなら先方も喜ぶでしょうが、それがダメなら**先方のボスに掛け合えば給料を出してもらえることも多い**ものです。とにかく「当たって砕けろ」と考えて、いくつもの可能性を探ると道は開けてきます。

分野にもよりますが、日本は今や、世界的に見てもトップレベルの研究をやっていますので、わざわざ海外留学する必要があるのか、という疑問もよく耳にします。しかし、私は、**チャンス**

があるのなら、また状況が許すのなら、海外留学は一も二もなく行くべきと思います。研究レベルや研究環境の良否はともかく、まったく違う文化の中で、さまざまな考え方やまったく異なった教育を受けた人々と交流して研究する経験は、文句なく、さまざまな面で自分自身の成長につながります。私の（多数回の）短期間の海外滞在経験からしても、その利点を強く感じます。

実は、日本国内にいても、今では海外からの留学生や外国人研究者が身近に多数いて、そのような国際的な交流は非常にさかんになっていますので、わざわざ海外に出なくてもほとんど同じ経験ができるのは確かです。それでも若手研究者には海外経験を積んでほしいものです。**日本人の東大生ばかりの研究グループでは、みんな秀才なので、考えることが同じで、発想の飛躍が出にくくなる**という話をときどき耳にします。海外の研究機関での研究体験のメリットは、実に多様な研究者が議論しながらダイナミックに研究しているという一点だけだと思いますが、それが何ものにも代えがたい貴重な点です。

若手研究者が海外で2、3年間という長期間ポスドクをするのをためらう一番大きな理由は、帰ってきてから日本でポジションを得られるのかという不安だと思います。実際、海外にいながら国内のポジション探しに苦労したという話はよく聞きます。しかし、現代はインターネットの時代ですので、海外にいても国内のいろいろな人事公募や研究者の移動の情報を時間差なく得ることができます。したがって、昔ほど「浦島太郎」的な状態にはならないでしょうから、その点はあまり心配いらないと思います。

海外からのポジション探しのためにやるべきことは、実は国内のポスドクと同じだと思います。つまり、学会や国際会議をうまく利用することを心がけるのが有効な対策になると思います。具体的には、国際会議に積極的に参加し、そこに参加している日本の教授などと進んでコンタクトして仲良くなる、ときには日本国内の学会出席に合わせて帰省のために帰国し、国内学会でもときどき発表して存在をアピールするなど、工夫次第で海外にいることの弱点をカバーできます。帰国したついでに、めぼしい教授を訪ね、可能ならその研究室セミナーで講演させてもらう（もちろん事前にアポをとって）など、いろいろ手はあります。海外の有名なグループに所属して良い論文を書いていれば、逆に大きな強みになりますので、それを活用しましょう。

このような**戦略性や計画性、あるいはトータルとしての「人間力」が海外留学によって格段に磨かれる**はずですので、その点からも海外留学を勧めるのです。しかも博士号をとった直後ぐらいに海外に出るのが最適と思います。前に書いた「お釈迦様の掌の上」から飛び出すのにも、海外留学は大変有効です。

第5章

独立して自分の研究グループを持つ

准教授・教授・グループリーダー編

ステップアップ――「上から引っぱり上げてもらう」のは見当違い

大学によって、あるいは同じ大学でも学部によってシステムが少しずつ違いますが、助教から昇進して准教授になると、独立した自分の研究室を持つことになります。企業や国立の研究所では、研究グループリーダーという立場に相当します。この立場の研究者は、英語ではＰＩ（Principal Investigator、主任研究員）と総称されます。

自分の学生やポスドク、助教などの部下を持ち、研究室や研究グループを代表して全責任を負う立場になります。まさに一国一城の主であり、所属機関だけでなく、当該専門分野のコミュニティにおいても、自他ともに認める一人前の専門家として一目置かれる立場になります。

この立場になると、もはや自分自身の研究というよりグループ全体の研究をいかに発展させるかが主な仕事になります。たとえば、次のような仕事があります。

・グループ全体のために研究予算をとってくる。
・グループメンバーをリクルートする（あるいは首にする）。
・メンバー一人一人について奨学金申請や次のポジション探しのときにさまざまな面倒をみる

（推薦書を書く、論文原稿を直すなど）。

すなわち、**ＰＩになると研究者としての研究能力だけでなく、教育者としての指導力、さらに管理職的なマネジメント能力が重要**になってきます。この点で助教・ポスドクと准教授とはまったく性格が違い、両者の間にはいろいろな意味で大きなギャップがあります。

ですので、多くの大学や研究機関では、准教授レベルの研究者を選んで新しく雇うとき、あるいは内部昇進させるときには極めて慎重になります。人選を間違うと、部下や学生たち多数に影響が及ぶからです。全国から候補者を募集し（公募と呼ばれます）、たくさんの候補者の中から厳しい審査を経て選ばれます。助教やポスドクも公募によって選ばれる場合が多いのですが、その採用は彼らのボスとなる教授や准教授の一存で決められることが多いのに対して、准教授の場合には、上述のようにさまざまな意味で責任の重い立場なので、大勢の審査員の合議によって選考される場合がほとんどです。ときには、その学科の教員全員が選考に関わったりします。

応募者の中から、まず書類審査で候補者を数名に絞り、次に、インタビュー（採用面接）を行います。つまり、数名の審査員、あるいはその学科の全教員の前でプレゼンをして、自分の研究実績とこれからの研究計画、さらに教育や研究グループ運営に関する方針や抱負などを述べます。そのあと、研究内容だけでなく「どのような科目の講義ができるのか」「学会ではどのような役員をしているのか」「入試問題は作れるか」など、教育や学会活動、社会貢献に関する考え方も含めて、多面的で厳しい質問を受けます。

第3章で書いたように、このインタビューでのプレゼンと質疑応答が決定的に重要です。なぜなら、論文の良し悪しは同じ専門分野の研究者にしか判断できませんが、インタビューでのプレゼンと質疑応答を見れば、専門のまったく違う審査員や教員にも、その候補者が有能なのかどうか判断できてしまうからです。その候補者を採用するかどうかは、専門分野がさまざまに異なる審査員や教員の意見・投票によって決まりますので、非専門家に訴えかける力が問われます。それはまさに、まったくの素人の学生たちを自分の研究分野に惹きつけたり、非専門家が審査員の研究費をとってきたりするための力そのものが試されているのです。准教授やグループリーダーになると、この力が決定的に重要です。

ですので、プレゼンの事前準備は入念にするべきです。少なくとも自分が入ろうとしている学科なり専攻にはどのような教授や准教授がいて、どのような分野の研究をしているのかぐらいは事前に調べておく必要があります。もし可能なら、**「その中の何人かとは分野が近いので、これこれの共同研究も可能です」といった話をプレゼンの中に入れると印象は格段によくなります。**審査員は、これが**リップサービスだとわかっていても悪い気持ちはしません**し、逆に熱意を感じて好感を持ちます。このぐらいの「腹芸」ができないようではＰＩになる素質はありません。

最後には、同じ専門分野の大御所と言われる他機関の教授やシニア研究者たち、それも国内だけでなく海外の研究機関の大御所数名に対して、候補者一人一人の実績と将来性に関する意見を求め、専門的な観点からの評価を確認します。このような評価を依頼された大御所から、もし「私はこの研究者のことは知らない」などと言われると、その分野でのvisibilityがない（つまり、目立って活躍していない）と判断され、極めて不利になります。国内はもとより外国から見ても、その候補者が（論文や国際会議での発表などで）目立っていることが重要です。そのためには、第4章で書いたように、助教・ポスドク時代に、所属グループのボスの「お釈迦様の掌」から少しでもはみ出して独自色の見える研究成果（論文）を多数出すことと、それを引っさげて国内学会や国際会議で目立った発表を継続的にやっていることが必須です。

テレビドラマや映画の影響もあるのでしょうが、このような大学教員の人事では、本人の実力より人脈がものをいうと一般の人に思われているフシがあります。実力派教授の「傘の下」に入っていて、その大教授の強力な推薦書が決め手だ、いわば、「上から引っぱり上げてもらう」形が多い、などと言われることがありますが、私が見聞きしている範囲内では、そのようなことはまったく見当違いです。まさに**実力だけの厳しい勝負**です。ですので、どんなに有名な実力派大教授の推薦書がついていたとしても、候補者本人が頼りなくて実力がないようだとダメです。ただし、このときの実力とは、研究能力だけでなく、上述のような指導力やマネジメント能力など、トータルとしての実力を意味します。

たとえば、大物教授のグループに所属している助教やポスドクが准教授ポストに応募してきた場合、そのグループの研究環境が優れているためにすばらしい研究実績を上げて多数のインパクトある論文の共著者になっていたとしても、その中でその候補者がリーダーシップを発揮していたわけではなく、いわば「お釈迦様の掌の上」状態という研究者だった場合、評価はあまり高くならないでしょう。実力を測りかねて、採用する側は二の足を踏んでしまいます。それとは反対に、小規模の研究グループの助教やポスドクでありながら、独自色を出し、しかも周りの学生や共同研究者を巻き込んで研究を先導している若手研究者のほうが実力と将来性を感じますので、准教授の候補者としての評価は高くなるでしょう。

ですので、インパクトファクターの高い有名ジャーナルに出ているたくさんの論文の共著者になっている研究者といっても、その内実を調査して候補者本人の寄与やグループ内での立ち位置を見極めて判断されます。これは「興信所調査」と揶揄《やゆ》されますが、けっこう重要です。このように、単に出版された論文の数やインパクトファクターで候補者が評価されるわけではありません。それゆえに、「何を基準に評価しているのかわかりにくい」「人事が不透明だ」といった批判のもとになるわけですが、**別に不正や不公平なことをやっているわけではありません**。教員の人事は、大学入試の点数のように一元化された指標ではなく、多面的な評価の結果なのです。

自分の学生や部下を持つ——やってみせ、言って聞かせて、させてみて……

ＰＩになると、上述のように、自分が責任を負う学生や部下を持つことになります。大学では、指導教員として、自分の学生にしっかり研究させて、卒業論文や修士論文、博士論文を書いてもらって卒業・修了してもらうよう指導する責任があります。どんなに怠惰な学生に対しても、怠惰な学生を受け入れてしまった自分の責任で、卒業・修了させなければなりません。企業や国立の研究所では、自分の研究グループのメンバー一人一人を叱咤激励して与えられた研究ミッションを完成させるように持っていく責任がグループリーダーにあります。

ＰＩは、自分の助教やポスドクを雇用するときには自分の裁量で決められる場合が多いと思います。自分の研究室に関する人事権を持っていると言えます。もちろん、権利だけでなく責任が伴いますが。自分が狙っている研究計画を強力に推進してくれそうな人材、あるいは自分の研究室の研究インフラを利用して新たな展開をしてくれそうな人材を、常日頃の学会発表などからリサーチして、候補となりうる学生やポスドクのボスにコンタクトしたりしてリクルートします。

また、外国人ポスドクを雇うための申請書も積極的に書いて利用します。そのとき、知人の先生の学生なら安心して雇用できますが、まったく知らないところの学生を外国からポスドクとして雇うのはリスクが伴います。少なくとも、国際会議などで発表を見たとか立ち話をした研究者に限ったほうが安全です。今は、必要ならインターネットを利用して面接することもできますので、いろいろ情報を集める努力をすべきです。

大学院生の受け入れのプロセスでは、大学院入試が大きな関門です。ガイダンスなどの機会に、研究室の説明で自分の研究に興味を持った学生を受け入れるわけですが、このとき、筆記試験の成績だけで判断せずに、面接で聞き出した志望動機や今までの学習状況、卒論研究の状況などを考慮し、トータルとして評価すべきです。とくに、私の研究室のように、実験を専門とするところでは、筆記試験の成績が抜群に良くても、実験的センスや熱意があまりないという学生がときどきいますので要注意です。成績だけでなく適性をよく見極めることが必要です。研究室ガイダンスや研究室見学に来たときなど、学生と直接話す機会を利用して探りを入れましょう。その学生は、単なる上辺だけの興味なのか、あるいは何か戦略的に考えて私の研究室に興味を示しているのか、見極めます（少なくともその努力はします）。

ＰＩは、研究室全体の大まかな研究の方向性や予算、運営方針などを決めると同時に、助教やポスドクなどのスタッフと一緒になって、大学院生メンバー一人一人をケアしながら研究室を盛り立てます。もちろん助教やポスドクも独自色のある研究をしなければなりませんので、彼ら・彼女らに対しても研究の相談や議論を通じてある程度の指導をしなければなりません。

研究テーマは大学院生たちにとって最も重要なことですが、それに関してときどき起こる問題は、「テーマの重なり」です。同じ研究室で同じ研究設備を使って、しかも似たような関心を持っている大学院生たちが研究していると、最初は離れたテーマで研究していた２人の大学院生の研究内容が、時間が経つとだんだん近づいてきて、テーマの重なりが出てきてしまうことがときどきあります。そのときの世の中の研究の流行や傾向にどうしても影響されますので、そのような事態になってしまうことがあるのです。

その２人の大学院生が歳の離れた学年ならあまり問題なく、ときには共同研究することにもなりますが、同じ学年だったりすると、同じ年に同じようなテーマで博士論文や修士論文を二つ出すことはできませんので深刻です。そのようなときには手遅れにならないうちに、ＰＩや助教らが調整に入り、なんとか研究の「住み分け」を考えます。たとえ、その２人が共同研究している場合でも、同じ研究成果で２人別々に論文を書く事は許されませんので、手法や試料、目指すべき研究の方向性などを少しずらして調整します。そのためには研究室内での意思疎通と情報交換が日頃から必要ですので、ＰＩがうまく交通整理をしなければなりません。

私も30歳代から40歳代の准教授時代には、実験室で学生や助教たちと一緒になって実験をしていました。やはり実験家は一緒に実験して学生たちを直接指導するのが一番充実感を覚えます。ですので、50歳代後半になった今、実験室で実験することがほとんどなくなり、研究者として物足りなさ、寂しさ、「これでいいのか」といった不満を感じます。
太平洋戦争のときの連合艦隊司令長官の山本五十六《いそろく》が残したとされる有名な言葉があります。
「やってみせ　言って聞かせて　させてみて　ほめてやらねば　人は動かじ」
研究はもちろんのこと、どんな種類の指導にもピッタリくる言葉だと思います。

やってみせ　若手の准教授やグループリーダーレベルでは、まだまだ自分自身で研究しますので、学生に「やってみせる」ことができ、お手本を示せます（もちろん老大家も「やってみせる」ことはできるでしょうが、「年寄りの冷水」にならないうちにやめたほうがいいかもしれません）。

言って聞かせて　その研究の意義や面白さを丁寧に「言って聞かせる」ことが必要で、闇雲に学生に研究しなさい、と言うだけでは学生は積極的に動いてくれません。PIが持っている目標や研究戦略の全容をしっかり説明し、その中で、今自分が携わる研究がどんな位置づけになるのかを認識してもらわないと学生は興味を持ちません。

させてみて　実際に学生に研究を「させてみて」、いかに研究は難しいか、あるいは面白いものかを体感してもらうことが必須です。教科書だけの勉強とまったく違うことを実感してもらうわけです。

ほめてやらねば　小さくてもいいから何かを成し遂げたら忘れずに「ほめてやる」ことが絶対

に必要です。20歳を過ぎた大人とはいえ、大学院生はやはり先生やリーダーから褒められると俄然《がぜん》やる気が出てくるものです。

歳とともに教授・准教授の雑用が増え、研究に割く時間が少なくなってくると、最初の「やってみせ」の段階がなかなかできず、「言って聞かせる」ところからしか学生を指導できなくなるのは残念ですが、山本の言葉に人を指導するときのすべてが凝縮されていると思います。

PIは「裸の王様」になってはいけません

何度も書いているように、研究は思い通りに進まないのが常です。そのようなときに、いかにうまく大学院生やポスドク、助教を叱咤激励し鼓舞するかがPIとしての腕の見せどころです。研究室メンバーは一人一人個性が違いますので、注意深く反応を見ながら、いわば一人一人にカスタムメイドのサポートをしていきます。あまりに要領が悪くて研究が進まない、同じ間違いを懲りもせずに何度も繰り返す、最初の目的を忘れてしまい、その場その場の対応だけに終始している、などなど、問題を持つ学生にはいろいろなパターンがあります。このようなときの対応のポイントをいくつか挙げてみましょう。

学会や研究会、あるいは修士論文や博士論文の提出締め切りが近づいているにもかかわらず、思ったように成果が出ないときなど、ＰＩはハラハラします。それでも学生のほうはのんきなことを言ったり、正論（と彼・彼女が思うこと）などを頑固に主張したりします。それでも「そんなことを言っている場合か⁉」などと学生や部下に向かって**怒りをぶちまけたり、イライラ感を隠そうともせずに叱りつけたりしてはいけません**。ましてや、無能さをあからさまに指摘したりすることは決してやってはいけません。**なんの解決にもなりません**。

このような場合は、**とにかく忍耐あるのみ**です。先生が怒ってしまうと研究室全体が萎縮する方向に向いてしまい、長期的にもマイナスです。研究室はある意味閉じた空間で、その中でＰＩは絶対君主ですので、その中の雰囲気は、先生のちょっとした一言で劇的に変わってしまいます。**ＰＩが頻繁に怒っていると、学生や部下たちはＰＩの気に入るような成果しか報告しなくなります**。そうすると「裸の王様」になり始めます。

ですので、たとえば、研究室のグループミーティングで、ある学生に何か厳しく注意すべきことがある場合、先輩院生や助教などはその学生の問題点を認識しているはずなので、先輩から当の学生に注意させたり苦言を言ってもらうように議論を持っていったりします。私の経験から言うと、**助教やポスドクが大学院生に対して厳しく指導し、准教授・教授のＰＩが多少優しくして中和してあげる**、といった役割分担になると研究室がうまく回ります。研究室内で自然にそのような「自己修復機構」が回りだすようにすれば大変良い雰囲気を維持できます。ＰＩである先生が怒ったり喋ったりしてばかりのグループミーティングは良くありません。

しかし、研究室として恥ずかしくないレベルにまで研究を持っていかなければならないので、ある程度の誘導的な指導は必要です。そのときには、精神論ではなく、たとえば具体的な実験条件の変更なり実験手法の変更の提案なりをして、道筋を明確化してやることが有効です。学生本人もかなり焦っていたりすると、単純なことを見落としていたり、混乱していて道筋を見失っていたりするものです。やるべきことをいくつかのステップに分割して一つ一つクリアしていく、といった道筋を示してやることは非常に有効です。また、ゴールを少し低めに設定し直してやると精神的に落ち着くこともあります。

さらに、他の学生やスタッフの力を借りることを提案するのも非常に効果的です。苦境に立たされているにもかかわらず、学生によってはなかなか自分からＳＯＳを発することができない人もいますので、他のメンバーからの手助けを提案してやるのが有効です。手助けによる共同研究は悪いことではなく、むしろ推奨されますので、手助けや研究の一部を手分けして他の学生やスタッフに分担してもらうことは何の問題もありません。そのような研究室内でのコラボや融通の利かせ合いは、ＰＩが音頭をとってまとめる責任があります。

大学院生は自分のデータに関してよく否定的な見解を言います。結構良いデータを出しているのにもかかわらず、「自分は新しいことなど発見するはずはない」「自分の近いところで大発見など起きるはずがない」といった気持ちなのか、あるいは単に自信がないだけなのか、自分のデータを否定しようとします。この傾向はとくに実験系の学生に見られるようです。そのような学生を丁寧に説得して、本人に納得してもらうために、たとえば、いろいろな条件で実験を継続してみることなどを提案して、前向きの方向に持っていきます。

あるいは、何か不思議だなというデータが出たときにも、学生は、「そんなデータ、何の意味もありませんよ」と言って否定することが多いものです。そんなとき、私の指導教員だった井野教授の言葉「大蛇の尻尾」（第2章参照）を学生に言って聞かせ、あくまでもポジティブに学生たちを鼓舞します。そのためには、実験条件の精査とかデータのまとめ方を変えてみるなど、とにかく具体的なことを議論して、学生をその気にさせるのがコツです。これは単なる慰めでもその場しのぎでもなく、実際、もう少し粘ってみるとそのデータが「大蛇の尻尾」か「青大将の尻尾」か、はっきりする場合が多いものです。

当初目論んでいたデータが出ずに否定的な結果になったとき、それをいかにポジティブに解釈して学生を勇気づけるかということも重要です。否定的なデータが出て当初の目的とする研究ができないという場合、逆に、その理由を追究すること自体がれっきとした研究になる場合もあります。「測定値がふらついて安定しないので実験は失敗です」と学生が言えば、

「なぜ安定しないのか、その原因を突き止めることによって、その測定がどんな情報を含んでいるのかがわかる。それは予想していなかった種類の情報かもしれない。それを明らかにすること自体が、新しい研究のネタではないか」

と、あくまでポジティブに持っていきます。もちろん、そのような助言がほんとうに実りある結果を生むとは限らないのですが、すぐに諦めずにほんの少し粘ってみることは無駄ではないはずです。**一発目の実験で成功するほど世の中甘くない**のが常です。といっても、**あまり拘泥しすぎると時間の無駄になる**場合もありますので、適当な按配《あんばい》が重要です。

　私の20年以上にわたるＰＩとしての経験の中で、一生懸命研究したにもかかわらず、何も新しいオリジナルな結果を出せずに卒業していった大学院生が、数は少ないですが実際にはいます。もちろん、これは修士課程の学生の例です。博士課程では、新しい成果が出なければ博士号はもらえませんが、修士課程の場合には、必ずしも新しいオリジナルな成果は必須ではありませんので、装置を製作したとか装置を改良して実験の効率が多少向上したといった程度でも修士号はもらえます。しかし、残念ながら学術ジャーナルに投稿できる論文になるような新規な知見は得られなかったという大学院生の例が二、三ではありますが存在します。

　研究ですから、目論見がはずれて成果が出ないこともあるのですが（そのときのＰＩの責任は軽くはありません）、そのときにどのように「後始末」をするかが問題です。少なくとも後につながるような形で、修士課程2年間でやったことを修士論文に総括してもらうことが重要です。「時間切れでここまでしかできなかったが、ここから先、このように研究を進めればこのような新しい知見が得られるであろう」

といった形にするわけです。たとえば、装置作りで終わってしまったが、その装置を使って先行研究で得られていた結果をこれだけ効率よく再現できたので装置の所期性能は達成された、という結論にすれば、前向きの形での「後始末」になります。さらに、この装置を使えば、今話題の物質の試料でこんなことが測定でき、このような知見が得られることが期待できる、という**明るい展望で修士論文を締めくくります**。

とは言いながら、そのような残念な状態で卒業していった学生には、正直言って大変申し訳なく思っています。しかし、前に書いたように、少なくとも修士課程では、

「どんな研究をしたか、あるいは研究でどんな成果を上げたかということより、答えの見えない課題に取り組んで一生懸命に研究したという研究体験そのものが、その後の人生で重要である」

という企業の人事部の人の言葉を、言い訳かもしれませんが、信じています。目立った成果が上げられなかったとはいえ、その過程で学んだ論理的・分析的思考、情報収集と咀嚼《そしゃく》力、プレゼンなどのコミュニケーション力、状況に応じて戦術を変えられる戦略性などなどを研究体験から学んでくれて、それらを就職後の仕事に活かしていると信じたいものです。**目標に達しなかった、**

失敗した、という経験ができるのは大学だけの特権であって、社会に出てからは失敗は許されません。ですので、もし、研究がうまくいかなかった場合にも、その失敗からたくさんのことを学んで卒業してほしいと願っています（が、これは開き直りに聞こえるでしょうか）。

学生に教えられる——先生も自然の前では学生

研究室ではよくあることですが、先生が予想・予言していたことが、実験をしてみるとみごとに外れます。ある意味、先生の面目丸つぶれになるときがあります。もちろん、そのようなときに怒ったりする必要はありません。先生の予想は、学生を実験に駆り立てる非常に良い指針になったわけです。先生は、豊富な経験から、この実験をするとこうなるはずだ、と予言したりしますが、予想が外れるということは、予想を考えたときのメカニズムや効果とは違った別のものが支配的に働いて予想外の結果になったわけで、それこそ新しい発見なのです。喜ぶべきことです。ＰＩの役割として、このようなクリエイティブエラー（新しい創造につながる間違い）を率先してやるべきです。

優秀な学生や若手研究者の中には、「間違う」ことに対して極端に臆病な人がいます。受験勉強のなごりかもしれません。**先生も、自然の前では学生と同じ一人の研究者に過ぎません。**ですので、学生や助教、ポスドクたちと同じレベルで研究を考え、**大胆な仮説を立てて率先して間違う**ことを勧めます。間違わないということは、新しいことにチャレンジしていない証拠で、従前からの研究の単なる延長線上のことを惰性でやっているにすぎません。**予言や予想が外れたということは新しいことにチャレンジし、新しいことを発見したこと**になるのです。

逆に、学生は怖いもの知らずという面もあり、准教授という程度確立した立場のために保守的になってしまった先生を刺激することもあります。

私が、結晶表面の原子の並び方とそこでの電気の流れ方の関係を解明する研究を始めて間もない頃の話です。実験データの解釈として、私は従来から知られている概念を使って説明して、論文の査読者も穏当な解釈であるとしてアクセプトしてくれていました。しかし、当時の博士課程の学生だった一人が、それとは違った解釈として、

「〝表面状態による電気伝導〟（これは昔から理論的には考えられてきたにもかかわらず、実験では検証されていなかった考え方でした）に基づく解釈をしたらいいのではないか」

と言い出しました。確かに、それを実験データで実証できれば大きなインパクトがあることはわかっていましたが、結晶表面での電気伝導現象自体がまだ山のものとも海のものともわかっていない段階でしたので、そのような刺激的な解釈を持ち出していいものかとしばらく私は躊躇していました。しかし、さまざまな条件で取得した実験データが蓄積されるにつれ、〝表面状態によ

る電気伝導〟という「禁断の」解釈を持ち出すと都合よく解釈できると考えるようになりました。その電気伝導のメカニズムは、いまでは確立した概念となっていますが、そこに踏み出すのをためらっていた私の背中を、その学生が押してくれたことになります。

　初心者は、どの分野でもそうでしょうが、怖いもの知らずで、一見無謀と見えることを勢いに任せてやってしまい、それがある種のビギナーズラックにつながることがあります。大学で研究室を長年運営していると、次々と新しい学生が入ってきて、そのような若い力で研究室を、あるいは研究分野を「かき回して」ほしいと、実は先生たちは期待しているのです。

研究費をとってくる（その２）――部下を歯車にするのか？

　第４章でも研究費の申請に関して書きましたが、それはあくまでも助教やポスドクレベルの個人研究に対する研究費です。ＰＩとなった准教授やグループリーダーレベルでは、グループ全体の研究構想を念頭に入れて、複数人でチームを組んで遂行する少し大型の研究予算を申請したりします。ときには、他のグループとの共同研究の形をとる場合もありますので、申請者はその共同研究グループのリーダーとして予算申請します。最近は、このような**共同研究が予算申請の中でも推奨されている**ようで、たとえば実験グループと理論グループが組んで特定のテーマでプロジェクト研究をするといった研究体制が高い評価を受けやすいようです。

そのとき、問題になりうるのは、自分の研究室の助教やポスドクや大学院生に、プロジェクト研究の「歯車」として働いてもらい、研究全体の完遂に貢献してもらうべきかどうかです。

「歯車」というと、いかにも悪い意味にしかとられず、それぞれの学生や研究者の興味も教育的指導も無視して、プロジェクト成功に向けてひたすら働かされるというイメージを持つでしょうが、実はそれほど単純ではありません。ビッグサイエンスと言われる分野、たとえば人工衛星を使った天文観測や大型加速器を使った高エネルギー物理学の分野、核融合研究の分野などでは、大勢のスタッフや大学院生が一つのプロジェクト研究に携わっており、それぞれのミッションを果たすべく、それぞれが重要な「歯車」として研究に関わります。

たとえば、極端な例ですが、2013年のノーベル物理学賞になったヒッグス粒子を発見した実験は、3000名を超える研究者の共同研究の成果だったといいます。そのような大きなプロジェクトの中で、一人一人の個人が、全体の計画を理解しながら、それぞれの持ち場のミッションを自覚し、そこで自分なりの創意工夫を入れることで独自性を出すことができます。

大なり小なり、このようなチームを組んでやるプロジェクト研究では、悪い意味での「歯車」ではない形で若手研究者や大学院生が関わり、研究者育成の機能を持たせることができます。ですので、研究プロジェクトに大学院生や助教を巻き込むのは、やり方次第では大変教育的な効果を生みます。

私が学科・専攻の就職係をやっていたとき、ある企業の人事部の人から聞いた話では、そのようなプロジェクト研究を経験した学生は、会社にとってはとても貴重だということです。会社での仕事は、数名から十数名のチームで進められることが多いようですが、そのとき、自分の立場と役割分担をよく理解し、全体を見ながら「歯車」としての責任を自覚して自分の独創性を発揮して仕事のできる学生が欲しいということです。ですので、責任感の希薄なままリーダーに言われるままに仕事をこなしているだけの場合には、確かに悪い意味での「歯車」になってしまいますが、やり方によっては研究者を育てる良い「歯車」の場合もあるということです。

もう一つ、大きなプロジェクト研究に若手研究者や大学院生を巻き込むときに考えなければならないのは、彼らが個々にそれぞれアウトプットを出せるのかという問題です。つまり、たとえば、プロジェクト研究の成果を学会で発表するときには、プロジェクトリーダーだけしか発表できず、「歯車」たちは何も発表できないと考えられがちですが、これも間違いです。

大きなプロジェクトで大がかりな研究目標に大勢で取り組んでいる場合でも、若手研究者や大学院生一人一人が取り組んでいる個々の課題に関し、最終的な目標と関連付けながら自分が成し遂げたことを成果として捉え、それによってどう目標にアプローチできるようになったかを説明すれば、それなりに独立した成果となり、学会発表はおろか論文発表も可能となります。大きな装置の検出器部分を担当したのなら、それが新しい概念に基づく検出器でいかに高性能か、そして、装置全体の目標達成にいかに貢献するかを説明すれば、それを担当した個人の立派な成果となります。

大きな目標のプロジェクトは、その目標が達成されなければなんの成果もないかというと、そうではないのです。複数の要素的成果を積み重ねて全体の研究が完遂することになりますので、その**要素的成果一つ一つを独立した成果として発表できる**のです。

このように、大小にかかわらずプロジェクト研究でも、それぞれの大学院生や若手研究者を一人前の研究者として育てる訓練にもなり、とくに、プロジェクト内での立場をわきまえながら、与えられたミッションをこなすためのプロセスとコミュニケーションを学ぶ貴重な機会となります。ＰＩとなって大型の研究予算を計画するときには、研究室メンバーに対する上述のような配慮も必要となるでしょう。

チームでの研究でも、一つの目標なりテーマなりに関して、それぞれのメンバーが異なる側面から攻めるという形の研究ならば、メンバーの独自性をもっと容易に出すことができるでしょう。たとえて言えば、富士山に登るときに、一つの登山道をたすきリレーのようにチームメンバーで分担して登るのではなく、いくつかの違った登山ルートからそれぞれのメンバーが別々に登るという形の研究です。この場合、チーム研究とはいっても、それぞれが独立した研究テーマの形になり、しかも、相互に情報交換しながら進められるので、効率が上がります。メンバーの一人一人が研究の起承転結すべてを経験することもでき、教育的です。私の研究室では、振り返るとこのタイプの場合が多いと思います。

閉ざされた研究室、開かれた研究室

前にも書いたように、ＰＩは、助教やポスドクを雇う人事権を持ち、研究室に入ってくる大学院生を選ぶこともでき（希望者がいればですが）、研究費は自分がとってくるので当然自分の好きなように使えますし、国際会議のための海外出張も自分で決められますし、と絶大な裁量権があります。また、研究成果をほどほどに出していれば、研究内容に関して学科長や学部長（専攻長や研究科長）から文句を言われることもありません。ですので、**取締役会や株主を気にする上場企業の社長より伸び伸びと自由に仕事ができ、ストレスもほとんど溜まりません。これが、ＰＩとなった大学教員の大きな魅力です。**

しかし、もちろん、椅子にふんぞり返っていればいいわけではなく、学生が壊した装置の修理をやったり（手に負えない場合はメーカーに修理を手配しますが）、講義で配付する資料は自分でコピーしますし、出張のホテルや航空券の予約も自分でやります。このように**何から何まで自分でやら**

なければなりません。一方、**学生やスタッフのご機嫌をとるのは最も重要な仕事**で、**忘年会ではビールをついでもらうのではなく、先生のほうから学生に進んでつぐ**のを忘れてはいけません。

このように強大な権力を持ったPIはまさに一国一城の主であり、ともすると研究室は閉ざされた独立王国になりがちです。外界との相互作用が少ないと、メンバーの気持ちは内向きになり、沈滞ムードになって研究成果もあまり上がらなくなります。研究室として新しいテーマにチャレンジする意欲も減退します。このような傾向は、私の見聞きしている範囲で実際に見られます。

ですので、外に開かれた研究室にして、常に外部から刺激を受ける形にする必要があります。そのためには、

・国内学会・国際会議への積極的な参加と発表
・研究室セミナーへの外部講師の招聘《しょうへい》
・他の研究グループとの共同研究
・ポスドクの雇用や外部研究者の短期受け入れによる人的交流

などの手段があります。このようないろいろな方法で外に向かって情報発信していると、それに

比例して研究室内での研究も活発になっていくものです。ですので、**ＰＩは、院生や若手スタッフを積極的に学会発表に送り出し、共同研究のネタや予算を外から拾ってきましょう。**共同研究の〝外圧〟がかかると、いやでも研究室内での研究が進みます。

研究室内での研究活動を活発にしてそれを維持するには、上述のように外に開かれた状態にするのと同時に、多様性を増やし維持することも重要です。

多様性といっても、いろいろな意味があります。まず第一に国際性です。私の研究室の経験からでも、外国人の大学院生やポスドクがいると研究が非常に活性化されます。そのときには、グループミーティングを英語にせざるをえなかったのですが、そうすると日本人学生は意思疎通に非常に苦労しました。しかし、それでも必死に伝えようとし、面白いことに、そのために、伝える内容が充実してくるのです。つまり、明確な結果なり明確な問題点の指摘なりを頭の中で持っていないと、とても英語で報告したり議論したりできません。日本語で研究室ミーティングをやっていたときより、格段に内容のある議論になります。もちろん、日本語が通じないので不便な面はありますが、外国人がいると総じて研究室はいろいろな意味で活性化します。

また、日本人のメンバーでも、女性のメンバーやいろいろな大学出身者が混ざっていると研究室が活性化するのも事実です。同じような教育や経歴を持った大学院生だけでモノトーン化してしまうと、考え方や問題へのアプローチの仕方が似たようなものになってしまい、たとえ優秀な学生たちだけが集まった研究室でも独創的なアイディアが出にくくなるものです。欧米への留学体験で飛躍的に成長する研究者が多いのは、結局、まったく違った教育と考え方を持った多国籍の研究室メンバーの中で揉まれることで刺激を受け、思わぬ発想が出てくるというのが理由なのではないかと想像しています。良い意味での「文化の摩擦」は、新しいことを生み出す場を作り出します。

多様性を増す別な方法として、助教やポスドクを新しく雇用する場合、**少し違った専門分野の研究者を雇う**といいでしょう。自分の研究室の専門分野との「文化の摩擦」が生じて、おおいに活性化することは間違いありません。あえて、そのような方針でポスドクを雇っているという先生が少なくないのは事実です。

多様性は、研究テーマについても重要なポイントです。専門分野も同じで、使える研究インフラも同じという状況で、複数の大学院生や若手スタッフが同じ研究室で研究しているので、いきおい研究テーマが似てきます。前にも書きましたが、そのためにテーマやアイディアの重なりが研究室内で問題になることがあり、少し窮屈な状態になってしまいます。PIの実力の見せ所は、従前からの研究にとらわれずに、新しいテーマを取り込んで研究室の幅を拡げることができるかどうかという点です。かなり離れたテーマを並行して研究室内で走らせていると、テーマの重なりの心配がないどころか、少し離れたテーマの手法なりアイディアをお互いに取り入れたりして、それぞれで新たな進展のきっかけになる場合もあります。多様なテーマを取り入れられるか、ＰＩの力量次第です。

ＰＩになると、学会の利用目的も助教やポスドク、あるいは大学院生とはまったく違います。前にも述べたように、研究者をリクルートする場として活用するわけです。国際会議で知り合った外国人研究者にポスドクに来ないかと誘ってみたり、知り合いの外国の先生に、良い学生を紹介してくださいい、とお願いしてみたりします。やはり、フェイス・トゥ・フェイスで話してみないと安心してポスドクとして雇えないものです。

また、学会期間中のアフターファイブ、つまり、学会でのセッションがはねた（終了した）あと、他の大学の先生方と三々五々連れ立って**飲みに行くことも、情報収集のために重要な活動**です。研究室の運営の仕方の違いや、目立った学生の情報、人事公募、研究費、学会の各種委員会などなどの情報を交換できるのが〝飲み会〟です。ＰＩは、そのような場で他の大学や研究機関のＰＩから、いろいろなノウハウや経験談などを聞くことができ、非常に有意義な時間となることが多いものです。ときには、研究室運営や学生指導、学内の雑用などに関して相談に乗ってもらうこともできます。同じ学科の他の先生に相談するより、他大学や他機関所属の先生方のほうが相談しやすい事項もありますので、学会期間中のアフターファイブは貴重な時間です。

とにかく、ＰＩは一国一城の主ですので、外に出ていかないと相談する相手がいません。その意味で、研究室を外に開かれた状態にするだけでなく、ＰＩ自身も外向きのマインドを持って活動すべきです。

准教授になると、講義だけでなく、所属学科内での雑用、たとえば、入試問題作成や採点、入試監督、教務関係の仕事、図書室の委員、はては教職員の親睦会役員など、いろいろやらされます。また、学外では、所属学会のセッションの世話人や学会誌の編集委員などの役が回ってきます。そのような**雑用に研究・教育時間を割かざるをえないわけですが、ＰＩが内向きになって研究室に閉じこもることによる弊害と比べるとまだマシ**と思いますので、**積極的に雑用を引き受けるようにしましょう**。そのような機会は研究室内での院生の指導のために決して無駄ではないはずです。ＰＩが内向きになるといろいろな意味でバランス感覚が悪くなってさまざまなトラブルのもとになりますので、学内、学外を問わず、常に外と何らかの形で接触することを前向きに受け止め、外向きの気持ちを維持することが大事です。

教授——研究者コミュニティの代表

教授とは、その専門分野やその研究者コミュニティ全体を代表する立場です。准教授やグループリーダーが、ＰＩとして自分の率いる研究グループを代表するのとはレベルが異なります。教授は准教授が単に昇進したポジションだと思われているかもしれませんが、実は教授と准教授の性格はかなり違うのです。

ですので、ある大学の学科・専攻で、あるいは研究所のある部門で、ある分野の教授を新しく雇うかどうか決めるときには、その教授候補者の善し悪しだけでなく、その**候補者が背負っている専門分野が、その学科・専攻、あるいはその研究所に必要かどうか**が審査されます。その専門分野の博士や修士をどんどん輩出する必要があるのか、あるいは、その分野の学問を学部学生に勉強してもらう価値があるのかどうか、という観点から新しい教授の採用が審査されます。

いきおい、日本におけるそれぞれの分野の教授の数の分布は、専門分野の勢力図と重なることとなります。たとえば、私が所属している物理学科・物理学専攻でも、（具体的なことは言いませんが）時代とともに分野の消長が見られ、それぞれの分野での教授の数がゆっくりとではありますが増減しています。

学科・専攻としては、これから伸びそうな新しい分野や社会的要請に応えられる分野などにリソースを使いたいので、学問の動向を長期にわたって観察し、次に採用すべき教授の分野を決めていきます。昔と違って、定年になった教授の後任として単純に同じ分野の新しい教授（多くの場合、前任者の弟子）を迎え入れる、などということは多くの大学で行われなくなってきました。定年になる教授が一人いると、そのポジションは「更地《さらち》」に戻し、ゼロベースで学科・専攻の将来を議論して、そのポジションに座るべき新しい教授の分野を決めます。もちろん、将来まちがいなく重要になる分野でも、日本にはまだ教授レベルの人材が育っていないとなれば、その分野の教授人事は見送られます。教授候補者の人物とその候補者が背負っている分野がセットになって審査されるのです。

教授は「与党」の立場

と、ここまでは学術的な側面を主に書きましたが、〝非学術的〟な側面、つまり人間的な側面も侮れません。新しい教授を選ぶ側も人間です。「あの人と同僚にはなりたくないな」と思われては元も子もなくなります。学術的な業績は十分あるのに、正論（と彼・彼女が思うこと）ばかりを主張して、あっちこっちで衝突し、それゆえに「教授候補者としてはちょっと……」という評価になってしまう研究者が残念ながらいます。

そのような研究者は、とくに「独立王国の絶対君主」になってしまったPIの場合が多いのですが、妥協を許さないので学生とのトラブルも目立ち、協調性に欠けるので学会でも一匹狼的に振る舞い、むしろ、逆に、その振る舞いにプライドさえ感じているといった人がいます。そのような研究者を教授として採用することに不安を覚える学科や研究所があったとしても不思議ではありません。

研究において妥協を許さないのは悪いことではなく、大衆と群れずに孤高を保つのは研究者としてまったくすばらしいことです。しかし、研究と研究以外の側面の区別をつけずに一緒にしてしまうと、せっかくの才能を活かせないことになりますので注意しましょう。

第1章で書いたように、研究はある意味で「自己表現」であり、自分の考え方やスタイルを貫くために頑張るのは当然です。だとしても、研究とは学生など複数の人間が関わる営みであり、研究者は組織の中で仕事をしますので、適切な落としどころをそのつど模索しながらやっていくしかありません。その積み重ねから自分の理想とする「自己表現」を目指せばいいのです。すべてのステップやすべての研究成果で１００点満点の「自己表現」をする必要はないと思いますし、現実的に無理です。

以前書いたように、これは、妥協点を下げろという意味ではなく、**柔軟に考えて「大人の判断」をしてください**というアドバイスと受け取ってください。教授はもはや「体制側」であり「与党」の立場ですので、攻撃や批判から話を始めるべきではありません。自戒を込めて、**教授になるには「敵」を作らないほうがいい**のです。

もちろん、このような論理に反発を感じる人も多いことでしょう。教授になることだけが人生ではありませんので、人それぞれの考え方で構わないと思いますが。

「高等遊民」から「二十面相」へ——教授は雑務で忙しい

再び学術的な話に戻しますが、ここで一点注意しておきたいのは、教授はその専門分野を代表しているとは言っても、専門分野を広くカバーする研究を行っている必要はない、ということです。焦点を絞って鋭い独創的な研究で業績を上げてきた研究者でも、なんの問題もありません。ただし、その専門分野全体を俯瞰する幅広い見識を持っていることは当然のことながら必要です。ここが単なる研究者と違うところです。自分の研究のことしか語れない研究者と違い、教授はむしろ**自分の研究はさておき、自分の専門とする学術分野全体を、一般市民はもちろん他分野の専門家にも説得力を持って語れなければなりません**。人事だけではなく、学会、政策・予算、賞の決定など、いろいろな場面で、研究者間の競争というより分野間の競争という場面が出てくることがあります。教授は、そのときに分野の代表としての見識が問われるのです。

教授や研究所のシニア研究員レベルの研究者は、その専門分野全体の成長に責任を持ちます。自分の研究グループでなくとも有望な若手を見つけて、若手賞を授賞したり招待講演者として推薦したり、ことあるごとにチャンスを与えてバックアップします。その分野の次世代を担う後進の育成は、どんな職業でもそうでしょうが、その分野の生死を分ける最重要事項です。**教授レベ**

ルが後進の育成を怠るとその分野は衰退していきます。また、その専門分野の学会や国際会議、研究会の開催、あるいは分野での予算どりに関して中心的な役割を演じるなど、いろいろなやり方で分野を盛り立てる責任があります。自分の研究グループのＰＩでありながら、このようにその専門分野全体に目配りをして牽引していくのが教授レベルの研究者の大きな責務です。

教授レベルの研究者は、外向きには上述のようにその専門分野コミュニティの代表として振舞うわけですが、内向きにも、つまり、所属している大学や研究所内でも、いろいろな場面で責任の重い立場に立たされ、ある意味で組織を代表することが多くなります。入試委員会や教務委員会、オープンキャンパス委員会など各種委員会の平委員ではなく委員長をやらされたりします。

そのため、研究に頭を使う時間がますます減りますので、そのような雑用のために、マネジメント能力や事務処理能力によっては自分の研究室の運営に大きな支障が出て、研究室のケアがないがしろになってしまう場合もあります。

このように、好むと好まざるとにかかわらず、教授レベルの研究者は、外向きにも内向きにも自分の研究以外のさまざまな責任を負うことになります。古き良き時代、大学教授が「高等遊民」と言われて自分の好きな研究に没頭できていた時代はとっくに終わりました。現代では、教授とは、研究者だけでなく、教育者、指導者、マネージャー、政策決定者など「怪人二十面相」

的職業になっているのです。ある知り合いの教授の言っていたことが印象的です。「最近、9割以上の時間を他人のために使っているよな。学内の雑用とか学会の役員とか文科省の委員会とか卒業生の就職の世話とか。これじゃあノーベル賞とれないよね……」

新しいことにチャレンジし続ける

「功成り名遂げた」教授は、もう新しい研究成果を出さなくてもいい、と思うかもしれませんが、まったく違います。教授も准教授と同じように研究室のPIであり続けていて、さらに研究室では助教やポスドク、大学院生など若手研究者たちが日夜研究にいそしんでいます。ですので、教授も、准教授時代と同じように研究室をうまく運営して、若手研究者と一緒に新しい研究にチャレンジし続けることになります。

元来、研究者に向いている人は、習った一つのことを毎日繰り返すことで満足するというより、常に新しいことを勉強したり考えたりすることが好きなタイプの人間だと思います。毎日違ったことをやりたいのです。研究をやっていると、一日たりとも同じことをやることはありません。それが前進かどうかは別にして、昨日、今日、明日と少しずつ違ったことを試してみたり考えてみたりします。このことがたまらなく好きだという人が研究者になっているはずです。ですので、教授に登り詰めたといっても、この性分は消えるわけではなく、何か新しいことを常に考え、実際に研究をやってみようとするものです（多くの場合、学生を使って）。

実は、第4章の「並列処理」のセクションで書いた野心的で大きなテーマの研究を大手を振って実行できるようになるのが、教授やシニア研究員レベルになってからです。もちろん、教授が「御手《おて》ずから」実験や計算をするわけではなく、研究の実行部隊は研究室の大学院生や若手研究者なので、彼らの将来を考えて慎重に実行するわけですが（第4章参照）、長年温めてきたテーマの研究を大々的にやることができます。教授レベルになると、研究費も潤沢で配下の若手研究者もそろっていることが多いので、飛躍的に研究を進展させることもできます。教授になったからといって、双六《すごろく》の「上がり」ではないのです。

また、教授やシニア研究員レベルになると、長年、その専門分野で研究をやってきたので、自分独自の実験手法とか理論手法のような確固たる「武器」を持っています。そのような状況で、自分の分野から少し離れた分野で新しい研究テーマや新しい物質が脚光を浴びるようになることがあります。そうすると、その研究対象に自分の「武器」で切り込むと非常に独創的で有意義な研究成果を短期間のうちに上げられることがあります。「網を張って待っていたら向こうから獲物が飛び込んできた」という感じです。

私の研究室でもそのような経験をしました。ビスマスという物質を1原子層ずつ積み重ねて非常に薄い結晶を作り、その結晶での原子の並び方と電気の流れ方の関係を5年間ほど研究していて、そろそろこのテーマの研究は終わりにしようかなと思っていたところ、ビスマスに他の物質を少し混ぜ込むと「トポロジカル物質」という新しい物質になるという研究結果がアメリカから報告されました。そこで、今までにやってきた実験手法がそのまま使えるため、研究室全体ですぐにこの新しいテーマに乗り換えて素早く成果を出すことができました。その分野では初期の論文をいくつか私の研究室から出しています。まさに、網を張っていたら獲物が向こうから飛び込んできたのです。

第6章

研究とは、研究者とは

やっぱり師との出会いは大切

すでに引用した『科学者の卵たちに贈る言葉――江上不二夫が伝えたかったこと』（笠井献一著）では、著者である笠井氏が大学院生だったときに、指導教員の江上教授から言われた数々の忠告の言葉をまとめています。とても味わい深く、感動的な名言ばかりで、笠井氏が江上教授をいかに慕っているか、いかに感謝と尊敬の気持ちを持ち続けているのかがよく伝わってくる本です。

本書では、私の恩師である井野正三教授と外村彰博士の言葉を、私が覚えている範囲でいくつか紹介しました。いずれも味のある言葉で忘れられません。現在の私の研究室でも、井野先生や外村さんの口からそれぞれの言葉が出たときと似た状況になることがありますが、そのたびに、井野先生だったらこう言うのだろうな、外村さんだったらこう言っただろうなと一人想像して楽しんでいます。アドバイスを受ける師が近くにいないPIとなった今、恩師との記憶が研究室運営などに役立つこともあります。恩師の本当のありがたさは通り過ぎてからわかるものです。

2014年あたりから、プロテニスプレーヤーの錦織《にしこり》圭選手が活躍して、テレビでもよく見かけるようになりました。彼は、松岡修造やマイケル・チャンとの出会いによって大きく成長したと言われています。

研究者の世界でも同じように、恩師との出会いが決定的に重要だと思います。私の場合、まさに指導教員であった井野教授であり、日立にいたときの研究グループのボスであった外村さんです。弟子は、研究スタイルから研究室の運営の仕方、はては人生論にいたるまで、さまざまなことで色濃く師匠の影響を受けるものです。また、恩師がたどってきた紆余《うよ》曲折の研究の経歴を見ることは、弟子が研究者としての未来を考える際の非常に良い指針となります。良いことを真似るだけでなく、反面教師的な作用もしますが、とにかく、身近なロールモデルとしてもかけがえのない存在となります。

また、何度も書きましたが、大学院生や若手研究者にとって指導教員やボスは研究上の「お釈迦様」であり、はじめはお釈迦様の掌の上で踊っていますが、そのうち、そこから飛び出そうともがくことを始め、やがて自分独自のテーマを持って飛び出していきます。そのプロセスが研究者としての成長そのものです。まさに「守破離」のプロセスをたどるわけで、その意味で師は、自分自身にとって研究者としての原点なのです。井野先生と外村さんの研究と、私自身がたどってきた研究の展開を振り返ってみると、ここまでが「守」で、この辺から「破」になり、この一線を越えたときに「離」になったのだな、と自分なりにわかります。その当時は夢中で走っていたので気がつきませんし、師のありがたみもあまり感じませんでしたが、通り過ぎたあとに振り返ってみると、自分の成長のプロセスと師との関わりが客観的にわかるようになります。

研究の独創性といいますが、結局は、師の掌の上から飛び出せるかどうかということです。言ってみれば、**師を踏み台にして次の高みに登っていくことが独創性**と言われるものです。『一流の研究者に求められる資質』（志村史夫著）では、すばらしい研究者の師の下ではすばらしい弟子が育つことを「独創の系譜」と呼び、その証拠に、ノーベル賞受賞者の中で、師弟ともにノーベル賞を受賞している例が70組以上あると言います。2015年のノーベル物理学賞を受賞した梶田隆章教授が、2002年に同じくノーベル物理学賞を受賞した小柴昌俊先生の（孫）弟子だということは、記憶に新しいところでしょう。ノーベル賞級の研究者を師に持つと、その掌は相当大きなものでしょうが、その掌から飛び出すこと自体大変なことですので、それゆえ弟子も高い独創性のある研究業績を上げることになるのでしょう（単にノーベル賞選考委員会が、過去の受賞者が自分の弟子を推薦する推薦状を重く見ているというだけではなさそうです）。

論文原稿の一文一文をめぐって、先生と大学院生が一対一で何時間も大激論するという「修羅場」を経験したという話を昔はよく聞きましたが、今そのようなやり方をしている教授がどれほどいるか知りたいものです。システマティックな指導と称して、先生も大学院生ももっと淡白な関係になっているのが実情でしょう。

一方、独立した研究者になったあとでは、自分の元指導教員や元ボスだけでなく、先輩や同僚、共同研究者などからいろいろ有益なアドバイスをもらったりしますが、これらは本当にありがたいことです。ＰＩになると、自分ですべてを決められる絶大な裁量権を持つ反面、自分の判断は間違っていないのか、あるいはバランスを欠いた行動をとっていないか、不安に思うことがときにはあります。そんなとき、アドバイスをもらえる先輩や同僚が近くにいるのは大変貴重です。

元指導教員や元ボスだけでなく、研究者として歩んでいく過程でのさまざまな場面で出会った先輩や共同研究者が、自分の師匠の一人と言ってもいいくらいの影響を与えてくれるときがあります。あるいは、生き様や研究スタイルが格好良く見えて憧れる先輩格の研究者も、接触があまりないとはいえ、自分の「心の師」と言える存在になることもあります。あんな研究者になりたいと目指すのは、必ずしも元ボスではないかもしれません。

何人か挙げるとすると、流行に流されずに一本筋の通った研究をひょうひょうと続けている研究者、いつまでも自分の手で実験する「生涯現役」にこだわっている研究者、常にコミュニティを大事にして陰に陽に活動する研究者、などが師と呼べるかもしれません。華々しく活躍している研究者は、見習うべきところがあるものの、「心の師」と呼べる人は少ないものです（嫉妬もあるでしょうが）。

本業の研究だけでなく、学会活動やアウトリーチ活動、あるいはいろいろな雑用を通じて知り合った先輩格の先生方の中にも、「心の師」と呼べる人を見いだせるかもしれません。実際、忙しい合間をぬってボランティア精神を発揮してアウトリーチ活動や学会活動をしている研究者はたくさんいて、まさに尊敬する存在です。そのような人たちとの出会いが研究者としての幅を拡げるのに役立つこともあります。

その意味でも、**雑用はいやがらず、積極的に外向きの気持ちをもって取り組むこと**を勧めます。ポスドク、助教、准教授、グループリーダー、教授など、立場によってさまざまな雑用が舞い込んでくると思いますが、**どうせやらなければならない雑用なら、それをポジティブに捉えて**、その機会に「心の師」や相談相手になってくれる同僚を見つけてください。

研究テーマ——独自の「武器」を持って流行に飛び込む

歌謡曲の影響か、「ナンバーワンよりオンリーワン」というフレーズを研究者コミュニティでもときどき聞くことがあります。研究の世界でいえば、大勢の研究者が競争して目指しているゴールに一番先にたどり着いた研究者がナンバーワン。それに対して、他の誰も研究していないような独特のテーマを掘り起こしてひとり黙々と研究している研究者がオンリーワン。つまり、流行っているテーマで競争しながら研究するか、それとも流行に関係なく唯我独尊で研究するか、の違いを指しています。

流行りのテーマは、学問的にも興味深い豊富な内容を含んでいるので流行るわけで、その重要性は誰もが認識します。それゆえ、そのテーマを研究する理由の説明など必要ありません。一方、唯我独尊的テーマの重要性は、わざわざ説明しないと他の研究者に理解してもらえないし、ときにはどんなに説明しても理解してもらえないこともあります。また、流行りのテーマで成果を出せばインパクトある論文になって短期間で多数の引用を受けますが、唯我独尊的テーマではそもそも関心を持つ研究者がほとんどいないので、インパクトある論文にはなりにくいものです。

他方、流行りのテーマでは競争相手が多く、急速な研究の流れに巻き込まれて消えてしまわないように必死に頑張る必要がありますが、唯我独尊のテーマは悠々として自分のペースで研究を続けられる反面、ある意味、孤独に耐える強い精神力が必要です。

およそ30年間の研究者としての経験の中で、私の周辺でも、ものすごい勢いで流行りのテーマが通り過ぎていくという経験を二度ほどしています。一つ目は、私が修士課程のときに出てきた「走査トンネル顕微鏡」で、１９８６年のノーベル物理学賞になったテーマです。そのとき以来、表面物理学の分野では、その走査トンネル顕微鏡関連の研究に一も二もなく飛び込んだ研究者と、それを尻目に見ながら自分の従来の研究を堅持して継続した研究者の二派に分かれたといっても過言ではありませんでした。

私は、当初、後者の立場を取りました。流行りに巻き込まれて、予想される猛烈な競争にさらされるのが嫌だったからです。しかし、事態がある程度沈静化した10年程度の後、徐々に走査トンネル顕微鏡関連の研究に力点を置くようになりました。「4探針型走査トンネル顕微鏡」というちょっとした変形版の実験手法をひっさげて、自分独自の視点をもって流れに参入していったのです。

二つ目の大流行は、2005年前後から始まった「トポロジカル絶縁体」と言われる物質群に関連する研究ブームです。私の研究室では従前からトポロジカル絶縁体に近い物質を研究していたという行きがかり上、初期の頃からトポロジカル絶縁体の研究の流れに参入しました。そのときには迷う暇もなく流行の流れに飛び込んでいったのです。その物質は、その表面での性質が注目の的になっているので格好の表面物理学の題材だったのです。とくに、その物質の表面での電気の流れ方は、私の研究室の従前からのメインテーマでしたので、その経験と実験設備が利用できるので一も二もなく飛びついたのです。

上述の二つのテーマは、現在でも私の研究室で盛んに研究されている現役のテーマです。こう見てくると、結局は、流行りのテーマに飲み込まれながら、しかし、その流れにうまく乗ろうと自分なりに工夫してきたといえます。そのためには、自分独自の軸足と着眼点をしっかり持って、流行の勢いに流されないことが絶対に必要だといえます。そうでないと、単なる追随の研究しかできないことになります。

流行の黎明期からいち早くその新しいテーマに飛びついて、初期の重要な成果を素早く出すことも尊敬に値しますし、その大きな流行の流れから少し離れたところで自分の研究を堅持し、必要なら流行のテーマもときどき取り入れながら、独創的な研究を継続した研究者も尊敬できます。**流行のテーマを研究すること自体は、悪いことではありません。他の研究者を追随するような研究になってはいけない**、ということです。

ですので、流行に乗るのか、それとも自分でテーマを掘り起こすか、これは二者択一の問題ではないと思います。第４章で述べた「並列処理」法を使って、流行のテーマと唯我独尊のテーマを同時に進めるというやり方もありうるでしょうが、それよりは、自分独自のテーマで研ぎ澄ました「武器」を持って流行りのテーマに切り込むというスタイルのほうが成功するでしょう。

流行りのテーマは研究しがいのある内容を持っているのは確かです。たくさんの論文が世界中から次々に発表され、論文の洪水の中で溺れそうになりますが、短期間でダイナミックに進展する研究に自分も一枚噛めることは悪い気がしません。しかも、その中で本質的に重要な成果を上げられれば申し分ありません。そのためには、他の研究者ができない実験手法で攻めるとか、いままでに誰も注目していない観点で攻めるとか、独自性を出す必要があります。陳腐な手法でオーソドックスな研究をやっても、たちまち洪水の渦の中に巻き込まれて消えてしまいます。流行りのテーマで後世に残る成果を出すには、やはり独自の「武器」が必要です。**独自の「武器」は、流行りのテーマから離れたところで磨いておく**必要があります。

研究、この人間的な営み

研究者がマスコミに取り上げられて一般市民の前に出てくるのは、ノーベル賞受賞のときぐらいでしょうか。受賞者の人となりが紹介されて研究者を身近に感じるきっかけになれば、大変良いと思います。難しい研究をしているのにずいぶん気さくな人だなと思う場合が多いものです。ノーベル賞受賞者の講演会などでもそのような印象を持った人も多いのではないでしょうか。講演会では、研究過程で経験した喜怒哀楽の逸話とか、子供の頃から抱いていた夢などを聞くことができます。研究の内容とともに人間味あふれる研究者自身もあわせて一般市民に紹介されるのは、理科離れ対策など、いろいろな意味で良いことだと思います。

一方、2014年のSTAP細胞事件によって、研究者の別な人間的な側面がマスコミで強調され、研究者に対するイメージが変わったという一般市民も多いことと思います。

「研究といえば、クールな秀才が論理を積み重ねてやるものだとばかり思っていた。なのに、あのようないいかげんな共同研究のもたれ合いで、なおかつ組織としての思惑も見え隠れして、研究者の世界があれほどドロドロした世界だとは想像もしていなかった」
という人も多かったことでしょう。もちろん、あれがいろいろな意味で極端な例外だということは、理解していただけるとは思いますが。

研究者も人間ですので、いろいろな欲があります。その度が過ぎるといろいろな研究不正につながります。でも、研究不正といっても単純ではありません。理論に合わない都合の悪いデータをもっともらしい理由をつけて除外してしまうとか、見えにくい顕微鏡写真のコントラストを調整して見えやすくするなどのグレーゾーンのレベルから、存在しないデータを作ってしまうという真っ黒のレベルまで連続的につながっていて、研究者は自分なりに線引きをして行動しています。

これに関して、10年以上も前に私の研究室の大学院生としたやり取りが印象に残っています。その学生が研究室に入って間もない頃、実験技術の習得も兼ねて、ある実験を同じ条件で何度も繰り返してやってもらいました。その測定データのまとめを彼が研究室ミーティングで報告したときの話です。実験を始めて間もない頃のデータの値が飛び離れておかしな値を示していたのですが、何度か実験を繰り返すうちにデータがある一定値近くに落ち着いてくるという傾向を示していました。ですので、私は、

「実験を始めた初期には、実験テクニックが未熟だったので、変な値になっているだけだよ。そのおかしなデータは削除して、後半のデータだけを使って学会発表したらどうだい？」

と学生に言いました。すると、その学生は気色ばんで、

「とんでもないですよ。それじゃデータの改竄《かいざん》じゃないですか。そんなことやっちゃいけないですよね」

と反論してきました。

その後、おかしいデータ値を出したときの試料作成条件や測定条件などをいろいろ聞き出しましたが、はっきりした違いはわかりませんでした。しかし、「初心者の学生が実験を始めて間もない頃に出したデータなど信用できない、というのは普通のことだ」と主張してその学生を説得しようとしても、彼は納得しませんでした。「都合の悪いデータを確たる理由もなしに削除するのはデータ改竄だ」と主張を変えなかったのです。

さて、この場合、先生が間違っているでしょうか、それとも学生が間違っているでしょうか？　私の意見としては、都合の悪いデータを削除して発表しても問題ないと考えますし、むしろ、そうすべきです。実験に熟練してから採ったデータの再現性のほうを重視すべきで、理由がはっきりしなくとも未熟なまま採った実験データを公表することのほうが無責任と言えるでしょう。

研究者コミュニティは、性善説をもとにできあがっています。一つ一つの実験や計算を誰か別

の人がずっと監視しているわけではなく、すべて研究者個人の良心に基づいていますので、**研究結果はすべて疑うことなしに信じることが前提**です。結果が何かの間違いじゃないかと疑うことはあっても、捏造《ねつぞう》や改竄じゃないかと疑うことはしません。

ですので、その大前提を崩す不正をやられたのでは研究者コミュニティのシステム全体が成り立ちません。その意味で、研究者は高い倫理観を持って自律的に判断し行動することが求められるのです。誰かに監視されているから不正をしない、というのではダメなのです。一人の研究者による不正は、研究者コミュニティ全体の崩壊につながることになりますので、一人一人がコミュニティの運命を背負っているという自覚が必要です。

また、ＰＩレベルになると、前述したように大きな裁量権と自由度を持つことになり、なんでも自分で決められます。それが研究者の最大の魅力なのですが、それは同時に不正行為の甘い罠ともなりかねません。成果を焦るあまりに禁断の果実を食べてしまうと取り返しのつかないことになってしまいますので、ＰＩとなれば、従来以上の倫理観が要求されます。とくに、自分の学生や部下がやった不正に関して、自分自身が関わらなかったとしても責任は免れません。

研究者の中には、

「嘘のデータで書いた論文など、どうせ後続の研究者によって再現されず、結局は否定される。放っておいてもその論文は無視されるし歴史から消え失せる、いわば自動浄化機構が研究者コミユニティには備わっているのだ。だから、研究不正の論文など放置しておけばいい」という人もいるようです。しかし、これはまったく甘く、研究者としての自覚に欠けた考え方です。その嘘の結果を追試しようとして多くの研究者の時間と研究費が無駄に費やされるかもしれませんし、嘘のデータに基づいて医療行為が行われたり、高額な研究費のプロジェクトが作られたりすると、実際に被害や損害が生じえます。不正行為を放置したなら、何よりも研究者の社会的な信頼が地に落ちます。研究不正行為は研究者によって暴かれ、それなりの罰を受けなければなりません。決して放置すべきではありません。

研究や研究者が社会的に注目され、ときには莫大な利害が関係するようになった現代では、研究者は自分の研究に没頭しているだけではダメなのです。研究者コミュニティの社会的信頼を維持する責任が研究者一人一人にあることを忘れてはなりません。

本書では、**研究とは、大学入試問題のような正解か不正解かの二者択一ではない**ということを強調してきたつもりです。つまり、研究とは、何か新しいことを発見したか発見しなかったか、発明したか発明しなかったか、問題を解いたか解けなかったかという「0」か「1」かのデジタルではないということです。「0」と「1」の間が連続的につながっているアナログの世界なのです。発見・発明に向けて重要な一つのステップをクリアしたとか、別の解決の糸口を見つけたとかでも重要な成果になるのです。

もちろん、「1」に到達できた研究者がノーベル賞級になるわけですが、「0・3」ぐらいでも重要な研究成果と評価されます。ですので、究極の「1」は同じでも、その「1」に向かってどのあたりを目指すのか、どのようにその目標にアタックするのか、そのためにどんな準備をするのか、などなど、研究者によってそれぞれ違います。

研究しているうちに、当初の目標を断念したり変更したりする場合もあり、それこそ苦渋の決断を迫られることもあります。その意味で、研究の過程はまさに「人間ドラマ」であり、そこに研究者の個性や価値観が反映されます。研究が一種の「自己表現」と言われる所以《ゆえん》です。研究の成果だけを見ると、その裏にあった「人間ドラマ」は透けて見えませんが、研究者は、苦難や不安や誘惑や欲と戦いながら日々研究しているのです。

ですので、研究者は、研究に必要な学術的・技術的知識やスキルを身につけているだけでは不十分です。**研究者コミュニティの中で、そして社会の中で存在感を示しながらうまくやっていく**ための、倫理観やバランス感覚、コミュニケーション力、お作法、常識など、「良き市民」が持つべきものも併せ持たなければなりません。

研究には「自由」が最も大切です。人それぞれの自由な発想や自由なやり方があり、目標設定も自由です。そのような自由こそが科学の発展に不可欠です。研究倫理の問題で研究者が萎縮してしまっては元も子もありません。科学の発展はたくさんの間違いの上に築かれてきたという歴史を認識すれば、間違いを恐れる必要はありません。

また、すぐに成果を求める研究費システムによって研究者の自由な発想が阻害されたのでは本末転倒です。世界に誇る日本の科研費システムは、多様な研究を採択して自由に研究させてくれるすばらしいシステムですので、自分の研究にプライドを持って申請してください。その研究の重要性を認めてくれる審査員はいるはずです。

大学生・大学院生時代から始まり、ポスドクや助教レベルの若手研究者、准教授・グループリーダーレベルのPI、さらには「大御所」の教授・シニア研究員レベルまで、研究者としての長い道のりをたどってきました。この道を歩いていくには、研究への情熱とともに倫理観とバランス感覚を持って、それぞれの段階・立場で周囲の研究者たちと「うまくやっていく」必要があります。本書では、その秘訣を述べてきました。思慮深く振る舞い、研究者としての夢や大志を忘れず、この人間的でクリエイティブな職業を楽しみながら究めてください。

おわりに

この一年間にいくつかのイベントを経験し、そのときどきに考えたことや感じたことが積み重なって、本文でも紹介した「アヒルの水かき」が自分の頭の中で知らず知らずのうちに進行していたのでしょう。今年のゴールデンウィークのある日、突然、本書を書こうと思い立ったのです。それぞれの経験とそのときどきに感じたことが頭の中でつながって回路となり、電流が流れて最後に電球がピカーッとついたという感じで、本書のコンセプトと構成が30分もかけずにできあがりました。

まず、昨年の夏のことです。高校生やその親御さん向けに、「主要大学説明会」という受験情報提供のイベントが全国7、8ヵ所で毎年開催されているのですが、昨年からその役員になり、私は大阪会場を担当しました（今年は福岡会場を担当）。そこで高校生に向けて、わずか10分間ですが、講演しなければなりませんでした。東京大学の教育理念や教育システム、入試問題の特徴と狙いなどを説明するのが通例だそうですが、先輩教授（インド哲学が専門の文学部教授）から、「受験案内を見れば書いてあるような情報を話すよりは、長谷川さんが高校生だったときにどんな気持ちで東大を受験し、入学してから何を考えて今の専門分野に入っていったのか、そして研究者がいかに楽しいかを説明したほうが高校生や親たちは印象深く聞いてくれますよ」とアドバイスをもらいましたので、そのような話をしました。

そのとき、改めて自分の学生時代を思い出して、大学に入る前から入った直後あたりで自分は何を考え何をしていたのか、そしてなぜ物理学などを専攻することになったのか、などを整理してみました。自分のそんな個人的な体験などを話して、聞いている高校生は果たして興味を持ってくれるのだろうかと不安でしたが、とにかく先輩教授のアドバイスの通りにしてみました。講演のあと、説明会のブースにやってきた高校生の何人かに、面白い話だったと言われましたし、一緒に役員をやっていた大学の職員にも良かったですよと言われましたので、ホッとしました。と同時に、人は、私のような無名の東大教授の個人的なヒストリーなどに興味を持つんだな、とちょっとしたことを発見したのでした。

その2、3ヵ月後の秋、私が住んでいる町の地元の小中学校のPTA主催の教育講演会なるイベントで講演をしてくれるよう依頼を受けました。小学校や中学校の児童・生徒たちの親御さんが聴衆だというので、研究の話をしても仕方ないでしょうから、PTA役員に、何の話をすればいいのですか、と聞いてみたところ、

「長谷川さんが子供の頃はどんな子供だったのか、どんな風に勉強して東大に入って、どうやっ

て東大教授になったのかを話してください。その話の中で、聞いているお母さんやお父さんたちが、子供の教育のために何か役立つことを持ち帰れるような話をしてもらえたらいいです」と難しい課題をもらってしまったのです。90分間もの長い講演なので、東大までの道のり、東大教授までの道のり、そしてノーベル賞はとれるのか、という〝三部構成〟でやってみました。その講演の準備のため、じっくりと、自分は、高校生のとき、大学生のとき、そして大学院時代、会社に入ってから、そして大学教員になってから、そのときどきで何を考えて生きてきたのか、整理してみました。それが、趣旨は違いますが、本書の骨格になっています。

これらの大学外でのイベントと並行して、昨年の夏に、大学では研究倫理に関する集中講義を急遽《きゅうきょ》やることになりました。学部3、4年生と大学院生全員が受講しなければならない集中講義が突如企画されたのです。数人の教員が手分けしましたが、その講師の一人として私が1コマ講義することになりました。それはもちろん、その年に大騒ぎされていたSTAP細胞事件のためです。講義のスライドは理学部共通のものが準備されていましたが、講義をする立場上、研究倫理や研究不正の本を読んで勉強しました。そのおかげで意識がずいぶん高まったといえます。

そしてもう一つ、今年の3月に、ある出版社が主催する「論文の書き方セミナー」が大学構内で開催され、パネルディスカッションのパネラーとして登壇《とうだん》することを依頼されました。パネラーどうしのディスカッションの他に、学生からの質問に答えながらいろいろ議論しました。その中で、論文の執筆や投稿、査読者とのやりとりに関して認識を新たにすることになりました。

このような雑多なイベントに参加する機会に巡り合い、それぞれのところで断片的に話したことを、とくに研究者を目指す大学生たちに、きちんとした形で系統立てて伝えるのは意義があるのかもしれないと考え、本書を書くことを決意したのです。

実は、その直前にたまたま読んでいた本が『できる研究者の論文生産術』（ポール・J・シルヴィア著）で、その本に背中を押されて本書の執筆を実行に移したのです。今までに私は単著で書いた著書が2冊ありますが、それらは両方とも編集者からの依頼に基づくものでしたので、依頼がなければ本を単著で書くなどありえないと考えていました。しかし、論文を積極的に自分から書くように、本も自発的に書いていい、そして出版社に原稿を売り込めばいい、出版を断られたら、次の出版社にあたればいい、という話を上記の本で知り、よし、実践してみようと思い立ったのです。3、4社から出版を断られた本がベストセラーになった例がいくらでもあるとのことで、非常に勇気づけられました（もちろん、この本がベストセラーになるかはわかりませんが）。考えてみれば、研究論文も、一つのジャーナルから掲載を拒否されたら別のジャーナルに再投稿すればいいだけなので、本もそれと同じだと考えれば気が楽になり、すらすらと原稿を書くことができました。幸い、最初に掛け合った講談社ブルーバックスで出版してくれることになりました。

以上のようないくつかの個人的な出来事が重なって本書が生まれました。あまり個人的な色が強く出ないよう配慮しながら書いたつもりですが、だからといって抽象的な一般論だけでは説得力が出ないだろうと考え、自分の経験談や逸話を適度にちりばめました。

本書では、私の経験とその周辺で見聞きしたことを集中的に書きましたので、大学院生→ポスドク・助教→准教授→教授という大学でのキャリアパスを想定して構想しました。しかし、研究者という職業には、これ以外にも多様なキャリアパスがあります。大学はもちろん、国立研究所や企業の研究所でも、さまざまな職種や立場で研究に携わる研究者が大勢いますので、本書に書ききれなかったさまざまなキャリアパスが存在することを念のため付け加えておきます。

読者の皆さんが、本書から研究者としてやっていく上で何らかの示唆を得てくださったなら、また、進路や専門分野選択のために何らかのヒントを得てくださったなら、望外の喜びです。

原稿を多数の知人友人に読んでいただき、さまざまなコメントをいただきました。それらは原稿のブラッシュアップに大変役立ちました。多数になりますので、お名前は挙げませんが、心より感謝申し上げます。また、書きなぐったような原稿を読みやすい文章とメリハリのある紙面に編集していただいた講談社の慶山篤さんにも感謝いたします。

２０１５年９月

長谷川修司

参考文献

本文で引用した文献に限って挙げておきます。

ヴァン・ファンジェ著、加藤八千代・岡村和子訳『創造性の開発——技術者のために』（岩波書店、1963）
酒井邦嘉著『科学者という仕事』（中公新書、2006）
米国科学アカデミー編、池内了訳『科学者をめざす君たちへ（第3版）』（化学同人、2010）
西川純著『アクティブ・ラーニング入門』（明治図書、2015）
笠井献一著『科学者の卵たちに贈る言葉——江上不二夫が伝えたかったこと』（岩波書店、2013）
坪田一男著『理系のための研究ルールガイド』（講談社ブルーバックス、2015）
坪田一男著『理系のための研究生活ガイド（第2版）』（講談社ブルーバックス、2010）
ピーター・F・ドラッカー著、上田惇生編訳『マネジメント』（ダイヤモンド社、2001）
村上春樹著『職業としての小説家』（スイッチパブリッシング、2015）
志村史夫著『一流の研究者に求められる資質』（牧野出版、2014）
ポール・J・シルヴィア著、高橋さきの訳『できる研究者の論文生産術』（講談社、2015）

さくいん

N.D.C.407　254p　18cm

ブルーバックス　B-1951

研究者《けんきゅうしゃ》としてうまくやっていくには
組織の力を研究に活かす

2015年12月20日　第1刷発行
2018年7月9日　第3刷発行

著者　長谷川修司《はせがわしゅうじ》
発行者　渡瀬昌彦
発行所　株式会社講談社
〒112-8001 東京都文京区音羽2-12-21
電話　出版　03-5395-3524
販売　03-5395-4415
業務　03-5395-3615
印刷所　（本文印刷）豊国印刷株式会社
（カバー表紙印刷）信毎書籍印刷株式会社
製本所　株式会社国宝社

ISBN978−4−06−257951−3

発刊のことば

科学をあなたのポケットに

二十世紀最大の特色は、それが科学時代であるということです。科学は日に日に進歩を続け、止まるところを知りません。ひと昔前の夢物語もどんどん現実化しており、今やわれわれの生活のすべてが、科学によってゆり動かされているといっても過言ではないでしょう。

そのような背景を考えれば、学者や学生はもちろん、産業人も、セールスマンも、ジャーナリストも、家庭の主婦も、みんなが科学を知らなければ、時代の流れに逆らうことになるでしょう。

ブルーバックス発刊の意義と必然性はそこにあります。このシリーズは、読む人に科学的に物を考える習慣と、科学的に物を見る目を養っていただくことを最大の目標にしています。そのためには、単に原理や法則の解説に終始するのではなくて、政治や経済など、社会科学や人文科学にも関連させて、広い視野から問題を追究していきます。科学はむずかしいという先入観を改める表現と構成、それも類書にないブルーバックスの特色であると信じます。

一九六三年九月

野間省一